# 关于人生，莎士比亚的神回复

林楸燕　倪志昇　著

台海出版社

**图书在版编目（CIP）数据**

关于人生，莎士比亚的神回复 / 林楸燕，倪志昇著 . -- 北京：台海出版社，2019.11（2021.7重印）

ISBN 978-7-5168-2430-6

Ⅰ . ①关… Ⅱ . ①林… ②倪… Ⅲ . ①成功心理—通俗读物 Ⅳ . ① B848.4-49

中国版本图书馆 CIP 数据核字（2019）第 207874 号

版权合同登记号 图字：01-2019-5014

本书由精诚资讯股份有限公司授权北京乐律文化有限公司在中国大陆地区出版其中文简体字平装本版本。该出版权受法律保护，未经书面同意，任何机构与个人不得以任何形式进行复制、转载。

**关于人生，莎士比亚的神回复**

著　　者：林楸燕　倪志昇

责任编辑：王慧敏
责任印制：蔡　旭
版权支持：锐拓传媒 copyright@rightol.com

出版发行：台海出版社
地　　址：北京市东城区景山东街 20 号　邮政编码：100009
电　　话：010 － 64041652（发行，邮购）
传　　真：010 － 84045799（总编室）
网　　址：www.taimeng.org.cn/thcbs/default.htm
电子邮箱：thcbs@126.com

经　　销：全国各地新华书店
印　　刷：旭辉印务（天津）有限公司
本书如有破损、缺页、装订错误，请与本社联系调换

开　　本：880 毫米 ×1230 毫米　1/32
字　　数：205 千字　　　　印　张：8.25
版　　次：2019 年 11 月第 1 版　　印　次：2021 年 7月第 2 次印刷
书　　号：ISBN 978-7-5168-2430-6

定　　价：49.80 元

**版权所有　侵权必究**

# 自序

经典之所以历久不衰，在于能使得不同时代、不同背景的人有所共鸣。以中国文学为例，像是北宋文豪苏轼的《水调歌头》，配上现代歌曲的旋律，仍能让听众醉心不已。谈到英美文学，对于普罗大众而言，莎士比亚的作品就是所谓的经典。

莎士比亚作品的影子不论在东方还是西方社会里，都处处可见。有时在广告文案中一瞥而过，有时在戏剧里被沿用，像是哈姆雷特的名言，“To be or not to be”，即是耳熟能详。但是，除了众人熟知的《哈姆雷特》（*Hamlet*）和《罗密欧与朱丽叶》（*Romeo and Juliet*）之外，还有许多适合大众阅读的莎士比亚剧作主题围绕着爱情、亲情、友谊、君臣等，呈现七情六欲的各种面向。

我们从莎士比亚的剧作集里，挑出十四部作品，再从其中节录经典台词，试着提供新的解读，希望能让各领域的读者都有机会一窥莎士比亚剧作里亲民的一面。

非常感谢我们的学妹陈柚均小姐的邀稿。她是个敏锐的读者，也是个负责又有见解的编辑，这本书从概念的发想到最后的成书，她都在旁给予我们最大的支持，提供最真诚的建议，真的很感谢她。

本书的首版发行于2016年，时逢莎士比亚四百周年冥诞，中外书林百家争鸣，不仅是向莎翁致敬，更是要带领读者品味莎剧的奥妙。本书通过金句中英对照，在回味经典的同时，也不忘解读莎剧的精华，特别受到广大读者的喜爱。因此，本书于 2017 年第二次印刷，2018 年再第三次印刷。值得开心的是，2020 年中文简体版成书，接下来将有更广大的读者通过本书品味莎翁名著。

希望这一百零五个句子之中，每位读者都能找到属于自己的莎士比亚金句，走进这个人间大剧场，并成功扮演你的角色。

目录 Contents

## 第1篇 人生不过是行走着的影子

## 第 2 篇 **爱情**是最明智的甜美疯狂

## 第 3 篇 **成长**终将带我们走向远方

## 第 4 篇 人际关系是没有彩排的演出

## 第 5 篇 **挑战**终将让我们变成大人的模样

## 附录

# 第1篇

# 人生
## 不过是行走着的影子

当你以为别人是真傻时，有时候是你太认真；人生的虚实之间，需要智慧来切换。

# 001

## 一堆烂苹果，没什么选择。

## There's small choice in rotten apples.

来自于追求比恩卡的两位男子间的对话。葛莱米奥声称，纵使有丰厚的嫁妆，他宁愿每天早上公开接受鞭打，也不要娶悍妇凯瑟丽娜。

《驯悍记》（*The Taming of the Shrew*）第一幕第一景 Act I, Scene I

## 换个角度来看眼前的选项，或许视野不同。

帕度亚当地的富绅公开表示："在大女儿凯瑟丽娜出嫁前，小女儿比恩卡不能出嫁。"因而，同为比恩卡追求者的葛莱米奥与霍坦西奥苦无他法，只能联手想办法。霍坦西奥认为，鞭打的酷刑和迎娶有着丰厚嫁妆的悍妇，两个选项不相上下，一样糟糕。霍坦西奥的好友彼特鲁乔则表示理想中的太太只要有钱，其他方面他都可以接受。于是，在霍坦西奥的引荐下，彼特鲁乔兴致勃勃地前往帕度亚追求悍妇凯瑟丽娜。

西方文学史上，"苹果"很早便登场了。在旧约圣经中，亚当夏娃所吃的禁忌之果，也被称为智慧之果，传闻即是苹果。有一种说法，男人的喉结英文名称之所以是"亚当的苹果"（Adam's apple），是因为亚当吞下苹果之时不小心将苹果卡在了喉咙里。

在十六世纪，苹果一般被用来入菜，或佐以香料做成甜点，其散发出的香气芬芳，被认为有益健康。苹果的形状也被用来形容人类的瞳孔，如莎士比亚的《仲夏夜之梦》中就曾提到，精灵王将爱情的灵药滴入拉山德的眼睛（sink in apple of his eyes），此处"apple"指的便是"瞳孔"。因此，后来苹果的意象便延伸为某人眼中的珍贵宝物，被广泛应用于英文的日常用语之中，例如：2011年的热门影片《那些年，我们一起追过的女孩》所选用的英文译名即为"You Are the Apple of My Eye"，意为被数个男孩所珍视的女孩，就成了他们眼中的甜美苹果。

终究，彼特鲁乔还是驯服了悍妇，抱得美人归。葛莱米奥与霍坦西奥所谓的"烂苹果"，对于彼特鲁乔来说，却是珍宝。很多时候，事物的本质并没有改变，端看你是用哪个角度来审视它，本身又有哪些期待，才让事物贴上了好与坏的标签。

> 某人的草，可能是另一个人的宝；事物的本质并无好坏之别，端看你如何解读与诠释。

# 002

女人如娇嫩玫瑰，
盛开不久，
转眼枯萎。

For women are as roses,
whose fair flower.
Being once displayed,
doth fall that very hour.

奥西诺公爵与伪装成男子的薇奥拉一同谈论女人与爱情。奥西诺认为，女人应该选择年纪较长的男子，因为女人能调整自己配合另一半的喜好；男人更该选择年轻女子，因为男人天性比女人更善变，唯年轻貌美的女子才能让男人驻足久一点。

《第十二夜》（*Twelfth Night*）第二幕第四景 Act II, Scene IV

## 青春外貌的保存期限总是不长，但智慧无龄且无价。

听着奥西诺滔滔不绝地谈论女人与爱情，薇奥拉的心情想必是苦涩的。她深爱着奥西诺，而奥西诺却爱着奥丽维娅，还请她将爱的讯息传递给奥丽维娅。没想到，奥丽维娅却爱上了伪装成男子西萨里奥的薇奥拉。这样的三角恋情，该如何是好呢？

从古至今，“玫瑰”一直象征着女人娇艳的外表，还有令人向往的爱情，但也同时代表着有限的青春。

莎士比亚出生的时代，介于都铎王朝与史都华王朝之间，对于身处于都铎时代末期的人们来说，玫瑰不仅象征着女人的美貌和短暂的青春，也有政治上血腥的含意。

在都铎王朝之前，英国经历了为期三十余年的“玫瑰战争”（The Wars of the Roses），以白玫瑰为家徽的约克家族，和以红玫瑰为家徽的兰开斯特家族相互争夺王位继承权。后来，平息国家内战的都铎王朝便选用了红白相间的玫瑰，代表结合两大家族，成为新的统治者。

青春珍贵且易逝，虽然外貌无法恒久保鲜，但我们能用智慧与内涵，装点眼角的鱼尾纹，镌刻成永恒的玫瑰。

青春外貌有保存期限，但丰沛的心灵却能长长久久。

# 003

**这家伙扮演傻子很有点儿聪明，**
**因为要演好傻瓜这角色，**
**需要点智慧。**

This fellow is wise enough to play the fool,
and to do that well,
craves a kind of wit.

伪装成男子的薇奥拉与傻瓜费斯特的对话。费斯特傻里傻气的话语，看似没有章法却又能让听者理解话中的弦外之音，薇奥拉不禁称赞他的傻气中是有真智慧的。

《第十二夜》（*Twelfth Night*）第三幕第一场 Act III, Scene I

## 除了聪明，装傻更是一种超然的智慧。

在莎士比亚的许多剧作之中，常有“傻瓜”（fool）或“弄臣”（jester）等角色，他们通常是聪明的佃农或是平民，他们外表朴实，有时穿着破旧，说着平实的语言。

这些看似傻气的角色的共同点，就是行为举止总令人摸不着头绪。虽然他们疯癫又傻气，说话却总能切中重点，直达议题的核心，或是达到傻瓜想要的目的。如此这般，他们的聪颖机智常让他们指出事情的盲点。相较于社会阶级较高的角色，傻瓜有时把事情看得更为透彻。

傻瓜或弄臣出场时的夸张举止，以及曲解原本语意的言语，不仅为本来严肃紧绷的气氛带来缓和，也有娱乐观众的效果。此外，莎士比亚时代剧场中的观众，很多是来自于中下阶层的平民百姓，对于这类角色的语言及角度，更能够产生共鸣与生活联结。

不按牌理出牌的行为以及疯癫傻气的话语，傻瓜和弄臣扮演了智慧老人的角色，揭露了剧中人的盲点。

疯癫和智慧有时只是一线之间。比照东方的例子，就像明代文学家唐寅的《桃花庵歌》中所写的那样：“别人笑我太疯癫，我笑他人看不穿。”

最超脱的智慧，是懂得在必要的时候装傻。

> 当你以为别人是真傻时，有时候是你太认真；人生的虚实之间，需要智慧来切换。

# 004

## 木已成舟。

## What's done cannot be undone.

麦克白夫人在与麦克白共谋杀害苏格兰国王邓肯和将军班柯之后，开始在月夜中梦游。她时常看见幻影，会自言自语地说着：“木已成舟。去睡吧，去睡吧。”

《麦克白》（*Macbeth*）第五幕第一景 Act V, Scene I

## 人生的种种决定，有如“发送键”，一按便回不去了。

这段麦克白夫人的“木已成舟”的独白，反映出谋杀邓肯王和班柯之后，她内心所承受的恐惧和悔恨。“木已成舟”是她的防御性机制，用来自我安慰和自我欺骗。她借此催眠自己，告诉自己事情做了就是做了，没办法重来。

身处互联网时代的人们，也常常有木已成舟、悔恨不已的情况。互联网虽然使人们可以便捷又快速地联系，却也时常令我们感到懊悔，想干脆砍掉自己的手指算了。

现代化的生活之中，人们享受着使用电子商品的方便，却常常聪明反被聪明误。例如，自以为聪明的电子输入系统，常常造成人们输入与原意不同的字，从而产生误会。只要稍有不慎，手指一点，尴尬的对话就这么发送出去了；又或者在使用电子产品购物时，不小心选错了数量、选错了颜色等。

最终，麦克白夫人为了所谓“木已成舟”赔上的代价，就是自己的性命。好在我们若发送出尴尬信息，还可以立即更正；弄错的在线购物，也能经由通知卖家，退货或换货。

最终的人际应对，若能承认错误、诚实沟通，错误就将只是我们生而为人的印记而已。

> 错误可以被弥补，但有智慧的人会回溯到种种选择的初衷。不要做出让自己后悔的选择，但错过让自己后悔的机会更是可惜。

# 005

凡事三思而行；
跑得太快是会滑倒的。

Wisely and slow;
they stumble that run fast.

劳伦斯教士嘱咐罗密欧，在爱情和人生的路上放慢脚步，借此劝诫他不要太心急。

《罗密欧与朱丽叶》（*Romeo and Juliet*）第二幕第三景 Act II, Scene III

## 属于你的，跑不掉，心急吃不了热豆腐。

正值血气方刚的罗密欧，正向劳伦斯教士倾诉他痴恋罗瑟琳并为情所苦的心情。然而，年轻气盛心思不定的他，过了不久，便变心爱上了朱丽叶。

表面上，教士的话是在提醒罗密欧走路要小心；实际上，却也是想要提醒这位性情不定的年轻小伙子：“属于你的，纵使你走得慢，甚至绕了远路，都会与你相遇；不属于你的，你跑再快，也追不上对方。”

莎士比亚的《罗密欧与朱丽叶》是一部脍炙人口的经典悲剧。罗密欧与朱丽叶两个正值青春的年轻人，因双方家族纠葛，虽相爱却也只能用计私奔，逃离无法改变的家族仇恨。

教士的话，意在提醒罗密欧应当小心处理双方家族的关系，并谨慎安排婚礼，不要过于急躁。

这句话，就跟一句有趣的谚语“心急吃不了热豆腐”有着异曲同工之妙。

做人做事，若只讲求快速而不耕耘每个脚步，基础不打稳，很容易就会出错，让自己摔个大跤。

身处互联网时代，信息速度之快，使得我们时常被迫更新，追赶瞬息变动的社会步伐。如同教士提醒的，即使外在世界变动再快，内心仍要建立起自我适应的步伐。

▌脚步扎稳了，可以成就实在的耕耘。也许走得慢，但却走得更远。

# 006

用荷包能负担的钱置装，
但不要浮夸；
富有，但不炫耀。
人的服装展示他是怎样的人，
法国的名流要人，就是在这点上
显得最高尚，与众不同。

Costly thy habit as thy purse can buy,
but not express'd in fancy;
rich, not gaudy;
For the apparel oft proclaims the man, and they in France of the best rank and station.

波洛涅斯是丹麦重要的国务大臣，他的儿子雷欧提斯即将启程前往法国。临行之前，他叮咛儿子关于衣着的重要性。

《哈姆雷特》（*Hamlet*）第一幕第三景 Act I, Scene III

## “人要衣装，佛要金装”不无道理，衣着是我们面向世界的入场券，而魔鬼就在细节里。

十四世纪末至十五世纪的文艺复兴时期，欧陆学风鼎盛，欧洲各国的贵族子弟，通常由家仆陪伴游历欧洲各地。十七到十八世纪，游历欧洲的风气更为盛行，又称“欧陆游历学习”（grand tour）。

《哈姆雷特》里，雷欧提斯将启程从丹麦搭船远行至法国，他身为国务大臣的父亲波洛涅斯前来送行。儿子远行，父亲无法随身照顾，只能用絮絮叨叨的言语，殷切箴谏儿子应对进退和待人处事的原则。父亲对于儿子远行的不舍之情溢于言表。

在生活方面，波洛涅斯对儿子说，该花的置装费绝对不能省，出门在外，给人的第一印象很重要，而外在的衣着装扮，正是外人评断我们的首要参考。

文艺复兴时期以来，法国皇室对于艺术和时尚文化的重视，让法国流行时尚引领了整个欧洲大陆。十七世纪中期，法国国王路易十四对于服装时尚有着独特的眼光，他的穿着打扮既讲究优雅，也喜爱鲜艳的色彩。他脚踩高跟鞋、喷洒香水，甚至涂脂抹粉，带动了整个法国男性时尚中独有的阴柔特质。

当时的法国时尚以及父亲的建言，应该会让雷欧提斯的荷包缩水，频频找裁缝师做衣服、积极置装吧。在打造内在智慧的同时，若也能在外形上下些功夫，必能让人生际遇的可能性加分更多，也让别人更有机会从出色外表，望见你的美丽内在。

> 外表虽不是全部，但整齐清爽的服装，是能让人有机会一窥你丰盈内在的窗口。

# 007

**过来坐在我的身旁，
放下这世间的纷扰，
让我们尽情享受此刻。**

**Sit by my side,
and let the world slip.
We shall ne'er be younger.**

在剧本开始前的简介桥段里，乞丐斯赖被爵爷戏弄。爵爷命令宅邸中所有的仆人一起演戏，假装斯赖才是主人，并使他相信自己因为心神错乱才误认为自己是乞丐。这是斯赖与装扮成他夫人的男仆，准备一同欣赏宅邸演员们所演出的喜剧时所说的话。

《驯悍记》（*The Taming of the Shew*）简介 Introduction

## 专注于当下，这才是我们所真正拥有的。

乞丐斯赖被爵爷戏弄，虽然被蒙在鼓里，却非常享受别人的阿谀奉承，而耽溺其中。这个剧中的小插曲，也让读者看到一个人在得到权势之后，最赤裸裸且真实不过的欲望。

然而，除了人性的愚蠢和丑陋，莎士比亚透过《驯悍记》开演前的简介，也告诉我们，不论之前发生了什么样的纷扰，就要开演了，让我们先忘却现实世界吧，好好沉浸于戏剧世界里。

看剧的过程，本来就理当要让观众跟着角色的心情起伏，随着他哭泣、随着他愤怒，也随着他大笑。希腊哲学家亚里士多德就曾说过，当人们观赏悲剧时，若引发怜悯、伤心、恐惧等多种情绪，甚至随着剧情流泪时，会有洗涤心灵的作用。

戏剧让观众体验各种生命的可能性，回到自身，理解世事的反复无常、变幻不定；但只要定心静念，就算身处纷扰世间，我们还是能坐下来喝杯茶，专注地享受生命的当下。

发呆也好，听歌也行，与朋友聊天也可以，只要静静地与真实的自己同在，这就是“当下”，这就是全世界了。

▌未来不可及，过去无法重来，我们所能拥有的，只有“当下”。

# 008

就这么熄灭吧，蜡烛！
人生不过是虚幻一场。

Out, out, brief candle!
Life's but a walking shadow.

麦克白听闻妻子的死讯后，不禁感叹，凡是身为人就难逃一死的命运。

《麦克白》（*Macbeth*）第五幕第五景 Act V, Scene V

## 人生如幻影，瞬息即消逝。

如同燃烧的蜡烛，生命终有结束之时。

死亡何时到来，无法预料，唯一确定的是，某天，死神终究会临门拜访。对于麦克白而言，女巫的预言和妻子的怂恿使他的野心膨胀。为了追求王位，两人蒙蔽了道德和良知，接连谋害了邓肯王和班柯。

然而，妻子的死讯，给予麦克白一记当头棒喝。他不仅失去了一路支持着他的生活伴侣，也突然意识到，一个人不论累积多少权力和金钱，也终究敌不过一死的命运。

“生命”犹如屋内的烛光，不知何时，有风吹过，蜡烛熄灭，室内顿时陷入一片漆黑，仿佛光芒未曾存在过。人的生命也是，死亡将一视同仁地带走所有的一切。

曾经拥有过的权力、地位、人际关系和其他一切的物质，随着生命的消逝，终将烟消云散。麦克白在深刻体会到生命的虚幻之际，一开始追求王位的满满野心，也渐渐褪去，只剩下徒劳追求的一片空虚。

死亡，是最公平不过的事。

▌人生，即使换场也不会有彩排，懂得适时退场才够漂亮。

## 009

**处心积虑的盘算，未必能顺心如意，操之过急往往误事。**

**Striving to better,
oft we mar what's well.**

退位后的李尔王被长女高纳里尔羞辱后负气离去。高纳里尔不但削减了李尔王的随从人数，更在气走父王之后，打算写信要妹妹提防他。此时，高纳里尔的丈夫奥本尼公爵出言提醒，有时处心积虑不一定能顺利，操之过急也可能误事。

《李尔王》（*King Lear*）第一幕第四景 Act I, Scene IV

## 人算不如天算，算不及人生转变和他人心机。

年事已高的李尔王决定退位，长女及次女极尽谄媚之能事，不断讨好父王，对他展现出无比的尊重与关爱。

然而，就在她们赢得李尔王的信任，得到财产和权力之后，却完全变了个样，翻脸不认人。她们对李尔王的态度转为冷淡轻蔑，还不时出言挖苦羞辱，处心积虑地想要除去他。奥本尼公爵的这番话，其实就是在提醒他的妻子高纳里尔事情不要做得太绝。

有时候，用尽心机不一定就能得到一切，甚至还会失去原本拥有的东西。奥本尼公爵的这席话，也可以用在现代社会里亲子关系的矛盾中。

父母们都生怕孩子会输在起跑线上，往往从小就倾注全力栽培，该买的书、该学的才艺，样样不能少，为的就是不让孩子输给别人。他们却忘了，每个孩子的气质和天赋皆不同，怎能用同一套学习模版，套用在独一无二的小孩身上呢。

这句话其实也是在提醒世人，勿攀附权势，若只知贪图谋利，即使用尽心机，也不一定能得到想要的利益。古今中外皆可见依附权势者，终究只能落下个凄凉的惨状。人与人之间的相处，唯有真心相待，才能获得实质而丰富的可能性。

**▌用尽心机，反而弄巧成拙。**

# 010

## 年纪到了便长智慧？那可不一定！

## Thou shouldst not have been old till thou hadst been wise.

被长女羞辱至门外的李尔王愤怒不已，准备转而去投靠次女。离去时，弄臣对李尔王说的话。

《李尔王》（*King Lear*）第一幕第五景 Act I, Scene V

## 年纪与智慧不一定呈正比，心智长不大有如白活。

一般情况下，随着年纪的增长，人们越能积累丰富而深刻的人生经验，应该越有智慧。换句话来说，年纪越长的人，在经历过人生中的大风大浪之后，更应当能够看清人生百态，从容应对。

与之相反，不经世事，容易被虚假表象所蒙蔽双眼的人，应该是缺乏经验的年轻人，怎么会是老人呢?

其实，弄臣的言语中，有极大成分是在挖苦李尔王，嘲讽他空有一大把的年纪，却没有身为长者该有的智慧高度，无法看清女儿们觊觎他的权力和财产的坏心眼，还天真地将她们阿谀的美言错看成对他的爱。

另一方面，弄臣也取笑他没资格被称为一个长者，因为在被大女儿羞辱之后，李尔王也只能像个孩子似的生气离开。同时，他也提醒李尔王应引以为鉴、警惕自己，不要再傻傻地相信二女儿表面上的孝心。

年纪和智慧真的会呈现出绝对的正比吗？那可不一定！

当遭遇人生挫折时，我们若不能深刻体会其中的意义，并得到反思，那么，人生也只是徒然地路过罢了。错过了成长，自然无法增长智慧。时间的确会使我们老去，但若没有增长智慧，岁月也只是徒劳无功。

**时间会让我们长大，但唯有智慧可以让我们成熟。**

# 011

## 穷困潦倒时，
## 敝屣变珍宝。

The art of our necessities is strange, and can make vile things precious.

被女儿们驱逐后，四处流浪的李尔王在暴风雨中咒骂那两个忘恩负义的不孝女。濒临崩溃的李尔王被带进一间简陋的茅屋里，不得已拿稻草取暖时所说的话。

《李尔王》（*King Lear*）第三幕第二景 Act III, Scene II

## 肚子饿了，吃什么都美味；没得选时，只得照单全收。

退位前，李尔王锦衣玉食、生活无忧，怎么也不会想到有一天自己竟会变得如此困苦，一无所有。从前万人拥戴，呼风唤雨；如今，却落得孤身一人，风吹雨淋。

曾经，李尔王对茅屋和稻草不屑一顾，直到穷困潦倒时，才认识到茅屋和稻草也能是他栖身避雨、取暖保命的珍贵之物。在不同的处境之中，同样的物件为他带来不同的意义。

到底得到多少、拥有多少，才能满足一个人的生活所需呢?

拥有越多的人，越是要求更多，越要越多，永不满足。反观一无所有的人，他们只求温饱，基本生存的物资不缺乏，即是满足。

有人不停地向外索求，试图要填补内在那无止境的空缺；有人安贫乐道，懂得把握住那些已经拥有的事物。

人类的需求是个很奇特的心理结构，欲望若蒙蔽了理智，会让我们失去理性的判断。任由欲望无限扩张的行为，无法真正满足我们的需求。人生最终且最圆满的本质，则是学会珍惜那些我们早已拥有的事物。

**看不见已拥有的幸福，才是最苦穷困顿的灵魂。**

## 012

# 我们呱呱坠地，
# 来到了一个充满傻子的世界。

When we are born, we cry that we are come to this great stage of fools.

疯言疯语的李尔王步履蹒跚，撞见自杀未成的葛罗斯特伯爵。李尔王对他说教一番，咒骂葛罗斯特的孩子和自己歹毒的女儿一样执着于权势，人性泯灭。

《李尔王》（*King Lear*）第四幕第六景 Act IV, Scene VI

## 我们来到这世界就是为了粉墨登场，上演一出叫“人生”的剧目。

李尔王在感叹、愤怒之时，对葛罗斯特说出了这段话，此时他已看透了世态炎凉，深深体会到失去权力与财富时的愤怒和无助。

李尔王的这席话，也反映出了他一路走来，由“得势”到“失势”的人生体悟。世人笑他傻，因为他误信人心，将一切拱手让人，才会沦落天涯；如今，他笑自己傻，因为他已看穿世人的执着，深知挫败的原因乃是自己一手造成。

就如李尔王所言，这个世界充满了傻子。

有些傻子受到内心欲望的操控，执着于尘世浮华，久久无法自拔；然而，也有些傻子不懂人情世故，总是将喜怒哀乐外放于情绪之中，因而在人生路途上跌跌撞撞。

此外，还有些一厢情愿、无私奉献的傻子，牺牲了一切，却总是换得遍体鳞伤。若大致二分，便有常把别人当作傻子的人，以及总认为自己是傻子的人，究竟是谁比较傻呢？

我们呱呱坠地，是因为痛苦挣扎才放声大哭，抑或是为了迎接新的人生篇章而喜极而泣？哭了、笑了，都是我们面对人生的态度。生于人世，苦痛、喜乐难以避免，但要用什么态度来面对，我们仍有选择的自由。

**无法看透得失，将自己困顿在围城之中，才是永远的傻子。**

# 013

## 玩笑话往往会成真。

## Jesters do oft prove prophets.

李尔王的长女高纳里尔和次女里根等一行人，在多佛附近的英军领地中交谈。两女为了情郎爱德蒙起争执时，里根所说的话。

《李尔王》（*King Lear*）第五幕第三景 Act V, Scene III

## 玩笑的本质是让气氛愉快，只是为刺伤他人就缺失善意了。

高纳里尔和里根虽然都已结婚，却对爱德蒙产生情愫，三人之间的关系暧昧。里根为了使爱德蒙的地位提升，一厢情愿地认为只要两人结婚，并将自己的权力交付给他，爱德蒙便不再只是一个普通的将领了。

这时，高纳里尔却嘲弄里根痴心妄想。高纳里尔的嘲讽刺痛了里根的心，于是她以此话作为反击。

里根的这一句话，警告意味相当浓厚，让高纳里尔不要瞧不起人，嘲弄的话语也许哪天就会成真，谁也说不准。里根之所以反应如此强烈，乃是因为她内心最深处的欲念和担忧，竟然因为别人的一句无心的玩笑话，而整个被摊开在阳光下检视，让她颜面无光。

时常，我们的一句玩笑话说来无意，也会让听者有意，引发他人心里的不快。因为我们的玩笑话常常带有笑话别人的目的，蕴含嘲讽的意味，往往直接暴露了他人心中的自卑和欲念，我们虽借此达到了“笑果”，但他人却因此受到了伤害。

开自己玩笑的人，都还算是幽默，但开别人会因而刺痛的玩笑，就是不应该的恶意伤害了。没有人愿意自己所在乎的事情，或感到羞愧的事情，成为他人口中的笑柄。

因此，开别人玩笑之前可别把话说太满，等哪天你的玩笑话成真的时候，你就要被自己所说过的笑话给打脸了！

▌玩笑话开得刚刚好是幽默，若是过了头终将只是“反笑果”！

# 014

## 仿佛有一双神之手在操弄我们的结局，塑造我们的作为。

There's a divinity that shapes our ends,
rough-hew them how we will.

哈姆雷特前往英国拜访的航途中，发现叔父克劳狄斯的密函，密函中载明了他如何与英国方面联手暗杀哈姆雷特的计划。于是，哈姆雷特将密函改写，反将他叔父一军。

《哈姆雷特》（*Hamlet*）第五幕第二景 Act V, Scene II

## 凡事冥冥中自有安排，切勿自大，也不妄自菲薄。

哈姆雷特因搜寻叔父的密函，而意外戳破了叔父将要联合英国人谋杀自己的阴谋。此时的哈姆雷特，神智已经被复仇所蒙蔽。

在这之前，他意外杀害了大臣波洛涅斯。大臣的女儿，即哈姆雷特的情人奥菲利娅面临双重的打击，一方面是因为父亲的死亡，另一方面则还要加上加害者是自己的情人。最终，她心情抑郁，溺死在河边。

这时的哈姆雷特脑中常有声音出现，告诉他该做什么、不该做什么。他逐渐被那声音所支配，情绪常有剧烈的起伏，有时冲动行事，有时却又谨慎不已。哈姆雷特将意外发现密函之事，视为神意的指引，就是要让他一报杀父与夺母之仇。

当仇恨主导人类的理智时，再慈悲的神也会变成战神。莎士比亚所谓的“冥冥之中自有安排”，也许点出的不仅是神的全知全能，更是人类永远无法看穿的全局。人类终究无法全然认清天意究竟为何，只能顺应着命运之轮的转动，以有限的眼光，去揣测无限的可能。

> 臣服于命运，并非要坐困愁城，而是要学会接受限制，认清局限，有效运用手中的筹码。

## 015

**名声是空洞且虚幻的，**
**得之名不副实，**
**失之也无关紧要。**

Reputation is an idle and most false imposition, oft got without merit and lost without deserving.

因伊阿古的设局陷害，凯西奥饮酒误事，而错伤了前来劝架的蒙太诺。事后，奥赛罗解除了凯西奥的职务，他本人则因名声毁坏而深为懊恼，伊阿古则在一旁虚假地安慰他。

《奥赛罗》（*Othello*）第二幕第三景 Act II, Scene III

## 外在的标签不能定义你是谁，但良知对你的评价使你无以遁逃。

伊阿古所说的这番安慰凯西奥的话，虽出自虚伪的目的，但却不乏道理。名声不过是由他人加诸自己的脆弱又虚幻的东西。人们得到的名声往往不切实际，失去名声的理由，也经常令人摸不着头绪。

一个人被定义的样子，不一定和其本性有绝对关系。换言之，失去名声，并不代表一个人的本性被改变。

另一方面，伊阿古的话也透露出他自己的本性。先前，凯西奥得到了伊阿古想要的职位，伊阿古因此设计陷害他，使他失去职位以及奥赛罗的信任。他假装乐于助人，将自己装成极为友善、值得信赖的好人，他这种假意的行为皆是为了给自己赢得正面的名声，并以此博得奥赛罗与众人的信任。

名声与本性不一定相符。但为了贪求好名声，做出违背自己良知的行为，那求来的名声也未必长久。如果你因被污蔑而失去名声，那也不必懊恼，名声虚无缥缈，来自他人的口舌，也可能因为他人的口舌而丢失。与其执着于虚幻的流言蜚语，难以看清真假，不如好好做一个善良的人，还能对得起自己的良知。

> 如同朋友圈的点赞数，名声得来容易，消失得也快，切勿沉溺于虚幻的事物。

# 016

如果你很富有，其实你很穷。
富人如同乘载重物的驴子，
重到背都弯了，
还得一路背负沉重的财物，
直到死亡才能卸下。

If thou art rich, thou'rt poor; for,
like an ass whose back with ingots
bows, thou bear'st thy heavy riches
but a journey,
and Death unloads thee.

克劳狄奥被判死刑，文森修公爵伪装成修士，试图说服他死亡其实并不可怕，活着才最为痛苦。

《一报还一报》（*Measure for Measure*）第三幕第一景 Act III, Scene I

## 富有与贫穷，都不能用拥有多少物质来评断。

文森修公爵是维也纳城的城邦主，他假装短暂离城，将城邦事务交予安哲鲁代为管理。之后，他伪装成修士潜入城内，观察他离城后的人事变化。

克劳狄奥与朱丽叶已经订婚，但朱丽叶却意外怀孕。不巧的是，代理城主的安哲鲁认为维也纳城里的人们道德败坏，需要用严刑峻法加以整治。因此，克劳狄奥变成整治的标靶对象，被关入大牢，并被判处死刑。

以修士的身份来看，文森修的话意在提醒世人，人们之所以恐惧死亡，是因为对死亡有太多未知的恐惧，却因此忘了生存时所面临的痛苦与挣扎。

人生的道路上满是艰难的关卡，而我们身上的责任则成了生命的沉重负担。相较之下，也许我们应该害怕的是“生存”，而非“死亡”。

以剧情来看，文森修的话实则为反话，目的是激起克劳狄奥的生存意识，以测试这个年轻人为了求得生存，会有什么智慧层次的挣扎。

不论如何，公爵文森修似乎是最大的赢家，他不仅让安哲鲁和克劳狄奥两位年轻人看清了自己的盲点；最后他回归城邦主的地位时，也成功地向依莎贝拉求婚。生而为人，我们必须面对许多复杂的事物，还要背负沉重的负担，死亡是最终卸下重量的路程，但在那之前，得有这般的重量才得以踏出坚定的步伐。

> 人生一开始是加法，我们累积拥有；最终以减法收尾，回归至灵魂的重量。

## 017

**亲爱的勃鲁托斯，
错不在命运，
一切都是我们造成的。**

**The fault, dear Brutus,
is not in our stars,
but in ourselves.**

凯歇斯与勃鲁托斯谈论凯撒执政后的情况，认为他开始自我膨胀，似乎意图推翻罗马共和体制，实行帝制。会造成这样的情况，不能怪命运，只能怪他们自己放任无作为。

《裘力斯·凯撒》（*Julius Caesar*）第一幕第二景 Act I, Scene II

## 要成为一个真正的大人，自己作为，也自己承担后果。

凯歇斯的一番话，暗示了凯撒的伟大，对照之下，他们只是自己人生的失败者。这不是命运造成的，而是他们的无作为导致的，是他们让凯撒当权得势、自得意满。凯歇斯的一席话，也埋下了勃鲁托斯日后参与元老院密谋刺杀凯撒的种子。

在《裘力斯·凯撒》这部剧中，所谓的“错误”，源自人类的种种作为，而非命运本身。

2014 年上映的爱情电影《生命中的美好缺憾》（*The Fault in Our Stars*），改编自 2012 年约翰·格林出版的同名小说，书名就是取自凯歇斯所说的话。《生命中的美好缺憾》讲述了两位罹患癌症的青少年，由相遇到相知相惜，在癌症和死亡的威胁下，却短暂地拥有了最美丽的青春时光。

即使命运如此捉弄，他们仍能幸运地遇到彼此，并在有限的时间中，完美地享受了这段本该是无忧无虑的青春年华。

然而，生命中的缺憾，不是用来提醒我们能力的匮乏与命运的不可逆，而是让我们学会在缺憾之中，探索美好的可能，进而珍惜身边拥有的人事物。

▌活着不可能了无遗憾，何不在有限的机缘之中把握人生。

## 018

**人们做敢做的事，
做能做的事，
却不清楚自己每天都在做些什么。**

**O, what men dare do!
What men may do!
What men daily do,
not knowing what they do!**

婚礼上，克劳狄奥意外悔婚。他的话暗指希罗外表贞洁，内在却道德败坏。

《无事生非》（*Much Ado About Nothing*）第四幕第一景 Act IV, Scene I

## 不要让每天成为纯粹重复的动作，而忽略了思考生存的本质和爱的动机。

在婚礼之前，唐・约翰设局污蔑即将新婚的希罗，让克劳狄奥误信希罗是个放荡的女子。克劳狄奥误信传言，冤枉了希罗。

这番话指出，人们常常在思考自己那些想挑战的事，以及自己被允许能做的事，唯独当我们面对每天重复进行的事情时，却往往不经大脑思考，就展开直觉性的作为。然而，这时我们并不会审视自己的行为是否符合道德标准。

在莎士比亚的浪漫喜剧中，恋情都必须经过种种考验。

此剧中，唐・约翰的搅局使得克劳狄奥抛弃了希罗，让她的名誉受损，却无法验证自身的清白。希罗的父亲佯称希罗因名誉受损，伤心过度而死。当唐・约翰陷害希罗的计谋曝光后，克劳狄奥知道自己误会了希罗，又因唤不回希罗而伤心不已。

此时的克劳狄奥已经得到教训，也准备接受里奥那托的惩罚。其一是到城内宣传希罗的善良德性，以平反她被污蔑的名声；其二则是迎娶里奥那托的侄女。

最后在婚礼上，新娘揭开了自己神秘的面纱，她就是希罗，克劳狄奥喜出望外，终于抱得美人归。

克劳狄奥之所以判断失常，就是被自己的情绪所牵绊住了，才会因此伤害了自己心爱的人。我们因生活而忙碌，常常以直觉反应来看待周遭的事物，并用机械式的行为来应付生活中接踵而至的大小麻烦。这样的忙碌，是否使我们忽略了应该具备的理性思考和伦理道德呢？

> **每天都要暂时抽离“忙”“盲”“茫”的生活，偷个闲暇，检视一下自己现有的人生比重，重新排序。**

# 019

**世界是座舞台，**
**所有男男女女皆是演员。**

**All the world's a stage,**
**and all the men and women**
**merely players.**

在阴郁的哲学家杰奎斯的独白中，它将世界比喻成舞台，其中的男男女女成了在彼此人生中登场的演员。此句是莎士比亚剧本里最常被引用的台词之一。

《皆大欢喜》（*As You Like It*）第二幕第七景 Act II, Scene VII

## 人生要活得漂亮，就要优雅登台、潇洒谢幕，别无他法。

杰奎斯有着阴郁刻薄的性格，以及晦涩的目光。或许是个性使然，他的话语常常能指出人性的黑暗面，特别是愚昧执着的人生丑态。

他这样的人格特质，与莎士比亚剧中常出现的傻瓜和弄臣有些类似。在剧中，杰奎斯在森林里遇到了一位充满智慧的傻瓜，于是他决心要变成一个傻瓜，这样才能无拘无束地说出心里想说的话，批评他想要批评的事物。

如同杰奎斯所说的，如果世界是个舞台，在其中的我们只是演员。

出生即是进场，然后我们经历成长到壮年，再慢慢步入老年，一直在扮演着不同的角色。到了退场时，我们回到最初的模样，就像婴儿一般，动作渐渐迟缓、牙齿开始摇晃、视力逐渐衰退，记忆也开始模糊不清，直到世界也将我们遗忘，仿佛未曾存在过一样。

倘若将“人生”视为一场舞台剧，现场直播，而且没有预演，也没有重来的机会，也没办法后期制作，那我们是不是更能尽情地演出当下的角色呢?

> 在这个现场直播的人生舞台上，即兴而毫无保留地去演出那个独一无二的自己吧。

# 020

## 命运掌握着人生的种种事件。

## Fortune reigns in gifts of the world.

公爵千金罗瑟琳与堂妹西莉娅的对话，讨论自然与命运在人类生命中扮演的角色。

《皆大欢喜》（*As You Like It*）第一幕第二景 Act I, Scene II

## 限制的存在是为了突破，平心接受命运的限制，反而更自由。

罗瑟琳因为思念父亲而心情低落，堂妹西莉娅陪在一旁安慰着她。罗瑟琳为了转移思父之情，开始寻找乐子以分散注意力。

两人讨论着是否该做些什么来打发时间，例如谈恋爱，但又认为将爱情当作游戏来玩耍，对女性来说是非常不利的一件事。幸运的话，可以找到对的另一半，得到圆满的结局；倒霉的话，可能被另一半玩弄，落得名声扫地。

如此看来，命运女神对女性真的非常不公平。于是，两人开始谈论起自然与命运对于人的影响。

在古希腊神话中，命运女神掌握着人类的命运。在中世纪的手抄文献稿中，命运女神常是双眼蒙蔽，手持命运之轮的形象，这个形象深深影响了当时的创作。

也因命运女神双眼被蒙蔽，所以眼前所见皆为盲目，使得命运之轮的转动时高时低，代表人的命运无常，可能转到低点，也可能迎向高点。

命运总会轮转流动，不论出身阶级为何，皆躲不过命运之轮转高迎低的变动，唯有拥有平常心才能平顺地看待无常。

**逆境与顺境会不时轮转，身处最低点时更应仰头静候，望向高处。**

# 第2篇

# 爱情
## 是最明智的甜美疯狂

种种的身份象征都只是爱情中的迷信，无以取代的爱，是心与心的联结。

## 021

喔！罗密欧呀，罗密欧，
为什么你叫罗密欧？
离开你父亲，换个名字。
如果你无法做到，只要你宣誓爱我，
我将不再是凯普莱特家的一员。

O Romeo, Romeo,
wherefore art thou Romeo?
Deny thy father and refuse thy name,
or if thou wilt not, be but sworn my love,
and I'll no longer be a Capulet.

两人一见钟情，后来得知心上人罗密欧是世仇蒙太古家族中的一员，惊吓之余，朱丽叶无奈地叹息。

《罗密欧与朱丽叶》（*Romeo and Juliet*）第二幕第二景 Act II, Scene II

## 身份，不该成为爱的阻碍。

在楼下暗处的罗密欧，倾听着朱丽叶在阳台上的叹息。两个年轻人的心，如此紧密相连，阳台上的叹息，让底下的罗密欧确认朱丽叶对他的爱。两家的仇恨，早在他们相遇前就种下。他们各自的名字里延续着家族的仇恨，纵使改名换姓，他们还是罗密欧与朱丽叶，但姓氏无法隔绝他们相爱的心。

在《罗密欧与朱丽叶》中，罗密欧与朱丽叶的楼台相会，是人人皆知的一个经典桥段。两方一来一往，隔着楼台对话，罗密欧承诺会迎娶朱丽叶，并计划两人隔天私会的时间与地点。

借由朱丽叶的独白，罗密欧知道他不再是单恋，情意已得到对方的真心回应。一方面，朱丽叶惊喜于罗密欧听见了自己的心声；另一方面，她又怕自己的爱给得太快，罗密欧会不珍惜。

1996年，美国导演巴兹·鲁赫曼将《罗密欧与朱丽叶》的场景，搬到二十世纪的虚构城市维罗纳滩中，保留《罗密欧与朱丽叶》剧中的对话，分别由莱昂纳多·迪卡普里奥饰演罗密欧，克莱尔·丹尼斯饰演朱丽叶。

两大家族的世仇主因，也变为两大企业互相竞争的场景。此改编版本在当时叫好又卖座，在1997年的柏林影展中获颁数个奖项，也为观众和读者开启了另一种感官的想象。

> 种种的身份象征都只是爱情中的迷信，无以取代的爱，是心与心的联结。

# 022

## 真爱无坦途。

**The course of true love never did run smooth.**

两人的感情面临考验，拉山德以此话鼓励赫米娅，告诉她只要彼此真心相爱，必定能经得起考验。

《仲夏夜之梦》（*A Midsummer Night's Dream*）第一幕第一景 Act I, Scene I

## 相爱的道路上关卡重重。

《仲夏夜之梦》中的女主角赫米娅为了投奔所爱，不惜违背父亲的命令、打破婚姻制度的规范，选择与拉山德离乡私奔。

恋情得不到父亲的认可，赫米娅为此愁眉苦脸。两人放胆追爱，一路上走得颠簸曲折，尽管如此，两人历经几番波折之后，最终还是选择回到彼此身边，有情人终成眷属。

什么样的爱，才算得上是“真爱”呢？正如《仲夏夜之梦》的故事所示，追求真爱的过程总不是畅通无阻的。

即使誓死相爱，仍有可能遭遇各种困难，在经历重重的试炼之后，才有可能体会到爱情的真谛。因为爱情毕竟不单单是两个人的事，还牵绊着各种各样的情感纠葛，如亲情和友情，甚至有时连命运都可能调皮捉弄这对有情人，让他们的爱情之路走得辛苦。

莎士比亚的这句话“真爱无坦途”，早已成为现代人常提及的金句。

一个简单的句子，却包含着许多层面的意义。单身者，需要耐心等待荒芜的途中出现美景，而有伴的人也要以耐性克服爱情路上的种种磨合。

莎士比亚告诉我们，虽然爱情路上可能面临各种挑战，但也唯有经历过情感的煎熬和外在环境的考验，才能淬炼出真挚且坚定不渝的爱情。

**唯有经历过考验的爱情，才称得上是真爱，在那之前，只是一种陪伴。**

# 023

爱如一阵烟雾，来自情人的叹息；
烟雾散去，情人的双眼燃起爱火；
恋情受挫，情人眼里泪海满溢。
爱不就是如此？
爱是最明智的疯狂，像一阵令人窒息的胆汁，像持久不散的甜味。

Love is a smoke raised with the fume of sighs;
being purged, a fire sparkling in lovers' eyes;
being vexed, a sea nourished with loving tears.
What is it else?
A madness most discreet,
a choking gall, and a preserving sweet.

表哥班伏里奥关心罗密欧近来忧郁低落的原因，罗密欧谈起自己单恋罗瑟琳而为爱神伤的心情。

《罗密欧与朱丽叶》（*Romeo and Juliet*）第一幕第一景 Act I, Scene I

## 爱情天气预报，总是晴时多云偶阵雨。

罗密欧单恋着罗瑟琳。罗瑟琳誓言单身、保持贞洁，而无法回应罗密欧的追求。罗密欧被拒绝，为此心情低落。爱情为我们带来的不仅是甜美的期待，有时也会让人产生有如怨恨一般的复杂心情。

乍见心仪对象，罗密欧内心悸动，如小鹿乱撞。与对方眼神的每一个交流，都给他带来了有如过电般的刺激；对方的每一个举动，都使他的心情上下起伏，难以平静。可单恋的罗密欧即使付出全部真心，仍然苦等不到任何关于爱的回应。

罗瑟琳的拒绝，重伤了罗密欧的心，他因此辗转难眠，连夜哀声叹息。罗密欧压抑不住对她的爱，也摆脱不了自己被拒绝的羞辱，内心苦涩，爱恨交织，最终纠结成解不开的情网。他对罗瑟琳的情感，想要斩断却断不了，想要整理心绪却更为心乱。

莎士比亚笔下的罗密欧与朱丽叶，呈现着青少年有如青苹果一般的爱恋。当时的朱丽叶未满十四岁，而罗密欧比朱丽叶年长些，大约有十六七岁。青少年的爱，不仅稚嫩，也直率坦白。年少的爱，不仅给得快，去得也快。

爱情总少不了讽刺的巧合和反转，就在当时罗密欧讲完这句话后不久，他便疯狂地爱上了仇家的女儿朱丽叶。说到底，身处在爱情中，“疯狂”是否是一种常态呢？

> 理智的恋，少了令人悸动的热情；疯狂的爱，让人身心俱疲。如何维持平衡，是一辈子的功课。

## 024

**一个女人如果没了抵抗精神，**
**那跟傻瓜没两样。**

I see a woman may be made a fool,
If she had not a spirit to resist.

彼特鲁乔急着带他的新娘凯瑟丽娜离开正要开始的婚宴，想留下的凯瑟丽娜如此回应彼特鲁乔。

《驯悍记》（*The Taming of the Shrew*）第三幕第二景 Act III, Scene II

## 找到势均力敌的对手，狠狠相爱一场。

当悍妇凯瑟丽娜，遇到彼特鲁乔这位完全无视她悍妇本色的粗俗男子时，她似乎也没辙了。在与他互动的过程中，凯瑟丽娜的悍妇本性收敛了许多，脾气爆发的行为少了，尖牙利嘴也渐渐被磨平。最后，彼特鲁乔不仅得到了凯瑟丽娜的丰厚嫁妆，还得到了一个温顺的妻子。

女性在读莎士比亚的《驯悍记》时，可能会因为男女权力关系失衡而感到不舒服。的确，莎士比亚笔下的凯瑟丽娜，只要周遭的人事物违反她的心意，她就会用言语加以讥讽，并以粗暴的行为反击。起初，凯瑟丽娜还能和彼特鲁乔一往一来地拌嘴；最后，她在婚宴中拒绝彼特鲁乔提早离席的抵抗，渐渐沦为口头上的说说而已。

莎士比亚的《驯悍记》，是以剧中剧的方式来呈现的，凯瑟丽娜和彼特鲁乔都是剧中剧的一部分。这也是要对看剧的人们喊话：“别当真啊，一切都是戏。”

在莎士比亚的时代，这般两性失衡的剧目曾引起过极大的回响。1611 年时，曾和莎士比亚合作过的剧作家约翰·佛莱契，推出作品《女人的奖赏，或驯悍者被人驯》（The Women's Prize or the Tamer Tamed），将两性之间的权力关系重新演绎，描述彼特鲁乔的第二任老婆玛莉亚整治他的过程，此作也得到后代许多评论家和学者的关注。

任何关系都是建立在互相磨合的基础上的，理解彼此的需求，打破虚幻的期待。

## 025

**我唯一的爱，来自唯一的恨。
初遇见时不知其身份；
知其身份时，却已太迟。**

**My only love sprung from my only hate.
Too early seen unknown,
and known too late.**

朱丽叶初次遇见罗密欧，因为得知他的身份是敌对的家族一员而感叹不已。

《罗密欧与朱丽叶》（*Romeo and Juliet*）第一幕第五景 Act I, Scene V

## 爱是无法预告的阵风，在知道之前已沦陷。

在父亲举办的宴会上，朱丽叶初次遇见罗密欧，原本不认识的两人，却瞬间被彼此吸引。宴会后，朱丽叶询问奶妈这位神秘年轻男子的身份。当她得知罗密欧来自敌对的蒙太古家族时，只能感叹自己知道得太晚了，因为她早已深深爱上他。

朱丽叶这句话的感叹，一方面是源自无奈，家族的仇恨也无法阻止她爱上罗密欧；另一方面，爱情来得突然，来自两人眼神交会的瞬间，而非对方的身份和地位，这让她感觉到了爱情的缥缈。

由于两人所参加的是要戴上面具的扮装舞会，所以朱丽叶无法认出罗密欧的面容。但是，也因为人人都带上面具，无法看清对方，罗密欧才得以混进凯普莱特家族的宴会。在莎士比亚身处的时代，不时会有在贵族的宅第里举办的面具舞会，宴会进行时，通常会伴随着戏剧表演和江湖艺人的演出。

戴上面具的作用，就像现在的网络交友，通过掩饰自己的相貌或真实身份，除去人与人之间由于社会价值观所带来的隔阂，进而拉近彼此的距离。如同现代的修图软件具备柔肤、放大眼睛、变淡黑眼圈，甚至修饰身材等功能，让人们在网络上仿佛戴上面具一般，直到见面时才能知道双方的真实面貌，以致出现了很多“差远了”的抱怨。

莎士比亚时代的装扮舞会，与会者也因为面具的关系，抹去彼此间身份的隔阂，有机会进行深入的交流；现代的网络世界，各种电子平台和软件的发展，也提供了跨阶级、跨身份、跨地域的交流。不管是以何种方式认识彼此，更重要的是要把面具拿下、跨近一步，眼对眼，心对心地相处。

> 爱情随心而起，无来由；设定了种种的条件，都不如一股直觉所带来的悸动。

## 026

**如果相爱的两个人总是被阻挠，**
**那必定是命运的规律。**
**我们要试着用耐心去解决所遭遇的难题。**

If then true lovers have been ever cross'd,
It stands as an edict in destiny.
Then let us teach our trial patience.

两人恋情受阻，赫米娅试图说服拉山德只要心意坚定，必能克服爱的难关。

《仲夏夜之梦》（*A Midsummer Night's Dream*）第一幕第一景 Act I, Scene I

## 爱情路上的难题，唯有“耐心”可以化解。

一心爱着拉山德的海丽娜，因被父亲逼嫁他人而唉声叹气，虽对此感到无奈，却仍能鼓起勇气和拉山德一起面对问题。起初，因无力反抗巨大的社会体制，两个人一度选择自我放弃，认为彼此无力反抗加诸他们身上的悲惨命运，只能接受；但另一方面，他们却又因深爱彼此而不愿轻易放弃。

最终，他们鼓起勇气，相信只要有坚定不移的爱情和信念，不管遇到再大的阻挠也能找出解决问题的方法。悲惨的命运，是否能决定一个人一生的发展呢？

若如海丽娜所言，虽然部分命运已成事实且无力改变，但并不表示尚未发生的事情能够完全在意料之中。换言之，人们无法全然掌握未来还没发生的事情，又怎么能预知未来的命运会如何安排呢？

海丽娜的一席话，为陷入困境的两人带来了一丝希望，他们鼓励对方以耐心来看待生活周遭所发生的大小事情，不论未来如何变动，他们的爱情是坚定不移的。

活在悲惨环境里的人们，因为在当下看不见未来的出口，常常感到绝望，怨叹命运的不公。但正如海丽娜所言，虽然命运带来考验，但不表示人们必然会因考验而永远停滞不前。我们需要做的，是不要放弃，耐心地包容现况，等待时机。因此，人生的路在没有走到尽头之前，什么事情都有可能发生，只要多投入一些耐心，爱情终会找到出口。

**只要多一些勇气和耐心，走向同一个方向的两人，终有办法成就爱情。**

# 027

脑袋中的思考，远比说的话还多。
心头上的思绪，胜过语言的表述。

Conceit, more rich in matter than in words.
Brags of his substance, not of ornament.

在他们的秘密婚礼上，应罗密欧的请求，朱丽叶试图描述她所感受到的爱。

《罗密欧与朱丽叶》（*Romeo and Juliet*）第二幕第六景 Act II, Scene VI

## 爱的悸动，言语终难表述。

在罗密欧与朱丽叶的秘密婚礼上，劳伦斯教士为这对爱侣证婚。罗密欧先到场，他焦急地盼望着朱丽叶的到来。朱丽叶一到场，罗密欧就说出他的期盼，希望朱丽叶能以音乐般悦耳的声音描述他们婚后的幸福场景。

然而，朱丽叶却无法描述出这份想象的真爱与幸福。因为她相信罗密欧所给她的幸福，必定超出她所能够想象的。真爱与幸福该是什么样貌?

有人说，幸福是能跟心爱的人在炎夏共享一碗刨冰；有人说，幸福是跟心爱的人走遍天涯；更有人说，幸福就是与心爱的人尝尽人生中的酸甜苦辣。对于真爱与幸福的想象版本有成千上万种，你是否曾想过属于你的幸福模样呢?

爱，是不可估量、超出想象的，更无法用言语来简单表述。朱丽叶的一席话说明了爱的难以捉摸，如果爱情和幸福只要三两句话便能够全然捕捉，那就不是无止境、满溢的爱情了。幸福的感觉应该是源源不绝的，因此，关于幸福的体会往往是溢于言表的抽象表达。

你还相信那些花言巧语吗？如果你的情人，将他对你的爱都以语言说完了，那还剩下什么？相爱的本质终究要回归到每一个平实的日子里，慢慢以行动付出，细水长流，生生不息。

▌言语无法描述真爱的样貌，因为爱要付诸行动。

# 028

到底是怎样！
还要别人来决定你该爱谁。

O hell!
To choose love by another's eyes.

赫米娅感叹自己无法随心所愿、按照自己的意志自由恋爱，只能任由父亲来决定自己的爱情。

《仲夏夜之梦》（*A Midsummer Night's Dream*）第一幕第一景 Act I, Scene I

## 选择所爱的权利，只属于自己。

不同于现代社会，莎士比亚那时候的女性地位低下，许多事情都无法自己做主，就连谈个恋爱也困难重重，无法随心所愿。

如果父母不认同你所爱的人，可以直接加以否决，并替你另寻一个“合适”的对象。甚至有的女性连谈恋爱的机会都没有，在家族长辈的严厉管教之下，直接被许配给他们所认定的对象。倘若不从，便处以严刑或放逐，甚至直接处死。

赫米娅的这一席话，道出了当时婚姻制度中不合理的地方，说明社会体制违反了人性最基本的需求，因为，人的情感并无法通过律法条文来规范。每个人的情感，无论保守或奔放，都反映了最真实的自我，因此，任谁也无法强行干涉。

无奈的是，即便是在现代社会，也总是存在着各式各样的规范和成见，生活在其中的人们往往因摆脱不了世俗的价值观，而不得不选择自我违背，否则只有被社会边缘化，甚至被众人唾弃。显然，赫米娅并不在乎被社会贴上他人定义的标签，她选择追随所爱，做最真实的自己。

到底该不该放胆追爱？你的爱情是由别人来决定，由别人来告诉你该爱谁或不能爱谁，还是应该倾听自己的内心呢？

*爱是我们最私密、也最贵重的礼物，是唯有你才知道的美好。*

# 029

**我对他摆臭脸，
他仍然爱我。**

**I frown upon him,
yet he loves me still.**

赫米娅向好友海丽娜诉说，她讨厌狄米特律斯的过度追求，因为她心有所属。

《仲夏夜之梦》（*A Midsummer Night's Dream*）第一幕第一景 Act I, Scene I

## 当你深深爱上一个人，一切都有正当的理由。

尽管赫米娅清楚明白狄米特律斯对她的爱意，但是她一心只想着拉山德，因此对狄米特律斯的爱视若无睹。后来，才被狄米特律斯给拒绝的海丽娜前去找赫米娅诉苦，希望赫米娅教教她该如何赢得狄米特律斯的心。她非常羡慕赫米娅，因为就算赫米娅摆张臭脸给狄米特律斯看，他依然爱着她。

讽刺的是，赫米娅从没给过狄米特律斯好脸色看，却深获他的心；反观海丽娜虽然体贴万分，温柔相待，却盼望不到狄米特律斯的爱。

付出的爱，常常无法得到相等的回应；因此，爱情的付出也是很难公平衡量的。倘若一方有情，另一方却无意，那么，再多的心意都未必能够打动对方，往往只能付诸流水，独自伤心。

像是剧中的海丽娜，她虽然向狄米特律斯百般示好，但却起不了一丁点作用；反之，赫米娅动辄咒骂狄米特律斯，对他摆臭脸，他还是为她痴迷，就算受辱也甘之如饴。这一切被海丽娜看在眼里，她的心里很不是滋味，但是又能怎么办呢？她爱他，他不爱她；他爱着她，她又不爱他。

当你深深爱上了一个人时，无论他多么嫌弃你、折磨你，你却仍选择承受，原谅对方不断的伤害。但其实在爱情面前，与其勉强两个不合适的人，倒不如成就分开的两个快乐个体。

当你无怨无悔付出的爱却被对方尽情挥霍，那你就该回头看看，自己是不是被爱情制约了。

## 030

**当爱情沾染了与本身无关的利益，那就不是爱了。**

**Love's not love when it is mingled with regards that stands aloof from th' entire point.**

李尔王会面小女儿考狄利娅的两位追求者，两人都希望娶她为妻，却有不同的出发点。

《李尔王》（*King Lear*）第一幕第一景 Act I, Scene I

## 把面包当主约，爱情就失去意义。

李尔王最小的女儿考狄利娅虽真心敬爱父亲，却因未向父王奉承讨好，而遭到摒弃，最终得不到任何继承权。勃艮第公爵得知消息之后，便立即翻脸不认人，当面退出求亲的行列。

然而，他也告诉李尔王，只要考狄利娅能分到一些财产，她就可以立马摇身成为他的公爵夫人。法兰西国王见状，便告诉勃艮第公爵，爱情本身就不该沾染利益，爱情的纯粹不应和利益扯上任何关系。

爱情，岂可称斤论两来算计呢?

在这场婚约中，勃艮第公爵只看见爱情带来的金钱和物质价值，一旦这些条件消失了，也就没有所谓的爱情了。现代社会中也经常出现类似的情况，有些人以“身家”或“财产”来衡量爱情的重量，仿佛若可物化的分量不够重，爱情也就失去了它存在的价值。

反观体贴的法兰西国王，他深知一个人的价值，无法以金钱的数值来衡量，唯有真心才是无价的，因此，他决定娶品性良善的考狄利娅为妻，让两人之间的互动关系回归到爱情的珍爱和尊重上。

许多较为传统的国家，特别是在亚洲，都有类似“嫁妆”或“聘金”的习俗,究竟要把它们拉抬到什么样的程度,才能表示“真爱”的价值呢?

如果说,谈恋爱的前提是要考虑到这些和爱情本身无关的量化数值,那爱情纯净无私的本质就被彻底改变了。爱情中讨论双方经济条件并无不对，因为那是营造两人世界的生活基础，但若将其视为一切的准则，便失去相爱的前提了。

如果谈爱的心思变少了，多的只是啃噬真心的贪婪和虚假。

# 031

## 双眼无法看透爱情，只能用心感受。

## Love looks not with the eyes, but with the mind.

此句出自海丽娜的独白，感叹心爱的人看不见她的好，无法被她的真心感动。

《仲夏夜之梦》（*A Midsummer Night's Dream*）第一幕第一景 Act I, Scene I

## 闭上眼，你才看得到爱，真挚的爱假装不了。

眼看着好友赫米娅和恋人拉山德为爱私奔，海丽娜独自感叹，不明白自己哪一点比不上赫米娅，不了解为何心爱的狄米特律斯看不见她的美貌，因此，只能期盼他能被自己的情意所打动。

海丽娜认为自己的美貌不比好友赫米娅逊色，两人皆是雅典城公认的美人，唯独只有狄米特律斯不懂得欣赏她的美貌，而执着于赫米娅的美色。海丽娜因而明白，不论是狄米特律斯或者她自己，皆因爱情而变得盲目，就算再美好的事物放在眼前，只要不是自己想要的，终究会沦为敝屣，更不懂得好好珍惜了。

双眼是看不透爱情的，而无形体的真心付出更难以捉摸，所以只能用心去感受。倘若无心，再美丽的人都不会被欣赏；倘若有心，美丑就不再重要了，情人眼里只会出现西施。换言之，只要真心相爱，优点将被凸显，缺点则因包容而消弭。

只要心中有情，所爱的人自然美丽迷人，这种心意是外人无法体会或改变的，这也是为什么爱神丘比特总是被形塑成盲眼的形象。

爱情是如此的“盲目”又随心所欲，因此，外人看不透、不理解，更难以感同身受。有时候，就连自己也很难解释自己的行为，只有用心去感受，才能体会到爱情最根本的价值和意义。

> “爱”是自我且私密的感受，彼此眼中尽是对方的一切，外人难以一窥究竟。

# 032

## 你就是我的全世界。
## 当你在我身旁时，
## 我怎么会是孤单的呢？

**For you, in my respect, are all the world.
Then how can it be said I am alone,
when all the world is here to look on me?**

海丽娜试图说服狄米特律斯，要他跟自己一起进森林追缉私奔的赫米娅与拉山德。

《仲夏夜之梦》（*A Midsummer Night's Dream*）第二幕第一景 Act II, Scene I

## 流浪的心因爱而安定，不是故作勇敢，是因为你在我身边。

在莎士比亚时期，当时的女子若在黑夜离城进入漆黑的森林，必须承担极大的风险，不但可能招来坏名声，更可能遭遇不测。尽管如此，一心只想追随狄米特律斯的海丽娜顾不得自己的声名，甘愿冒险。

狄米特律斯虽然说“一看到你的脸就恶心、反感”，却还是为了海丽娜的名誉而劝阻、告诫她，女子独自一人在森林里偷偷跟着不爱她的男人，怎么能维护自己的贞节名誉呢？海丽娜便如此回答他。

海丽娜这一番话，道出了当我们爱一个人时，内心所得到的满足与充实感。只要心爱的人能陪伴在自己身侧，就算明知前方路途险峻，也能奋不顾身、勇往前行。只要心爱的人能陪伴在自己身边，就算全世界都误解自己、笑话自己，也可以丝毫不在意。

所有的一切，都是因为那个人，他就是你的全世界。曾经孤独的心已被他填满，一旦有了他的陪伴，便像是拥有了所有想得到的一切，拥有了全世界所有的幸福。我爱的人就是我的世界，不论海角天边，我都愿意追随；不论贫贱富贵，我也无怨无悔。

只要我们所爱的那个人在身旁，一切便已足够，他就是全世界。

# 033

## 老实说，
## 理智和爱情鲜少来往。

**To say the truth,
reason and love keep little company together nowadays.**

织工波顿被精灵迫克变成驴头人身的模样，当着魔的仙后对他表达爱意时，他对仙后所说的话。

《仲夏夜之梦》（*A Midsummer Night's Dream*）第三幕第一景 Act III, Scene I

## 理智与爱情，看来只能二选一。

被精灵捉弄的织工波顿，外形变成了驴头人身的可怕模样。这时，也中了魔法的仙后一觉睡醒之后，第一眼便看见了波顿，因而疯狂地爱上了他。

眼见苗头不对，波顿开始质疑仙后是否失去了理智，更进一步打趣地说“理智和爱情其实很少来往”，意指这样的爱情里掺有疯狂的元素，应该要有个中间人，介绍“理智”和“爱情”两者认识认识。

爱情，真的容易让人失去理智吗?

有的人为爱疯狂，爱到执着，成了偏执；爱得轰轰烈烈，却也弄得伤痕累累。然而，过度理智的爱情似乎又平淡无味，少了些许激情，无法体验生命热情奔放的滋味。

如此看来，爱情和理智似乎很难两全，因为爱情掺杂了人性的多重欲望，若得不到满足，便开始疯狂，不过，即使得到满足也未必可以理性。

波顿的话提醒了我们，正因为爱情和理智很难同时并存，我们才更应该小心处理爱情里的困境，正视且理解自己内心的欲望，让理智和爱情可以共进。

▌理智与爱情是天秤的两端，顾此不失彼，才能维持平衡。

## 034

**喔！他语气中的鄙视与怒气，**
**轻蔑的神情是多么美丽！**

**O what a deal of scorn looks beautiful**
**In the contempt and anger of his lip!**

纵使遭到扮成男子样貌的薇欧拉的拒绝，奥丽维娅依然对心上人深深着迷。

《第十二夜》（*Twelfth Night*）第三幕第一景 Act III, Scene I

## 热恋时，恋人的迷蒙双眼中，一切都是如此迷人美好。

奥丽维娅爱上装扮成男子的薇欧拉，告白遭到拒绝。纵使薇欧拉一再拒绝闪避，甚至摆出轻蔑的姿态，奥丽维娅依然对其深深着迷。

实为女儿身的薇欧拉颇为懊恼，因为她深爱着奥西诺，而她却是奥西诺派去传达爱意给奥丽维娅的信差，没想到奥丽维娅却莫名爱上了她这个中间人。身处在这段剪不断理还乱的三角关系中，难怪薇欧拉会一副不耐烦的轻蔑模样，想必她白眼都已经翻了好几圈了。

莎士比亚擅长以“变装”以及“伪装”的手法，使角色跳出原本的身份和性别，从剧情上来看是为了缓解角色的艰难处境，但大部分是为了创造更大的空间，以利于探讨人性与社会制度下，人与人互动的可能性；有时则是为了突显人性中愚蠢和低劣的部分。

奥丽维娅为薇欧拉痴迷的模样，表现出恋爱初期，人们将心中理想的美好形象投射于喜爱的对象身上，眼中所见的，尽是自己想要的表象。

因此，在这般假想之下，对方的优点不断被放大，举手投足都是如此美好，就连缺点也能被合理化。我们都曾是奥丽维娅，身处爱情之中，双眼迷蒙，难以全然理性地去思考眼前的“美景”是否真实。

**爱恋是一段从幻觉开始，过渡到真实的过程。**

## 035

**追求而来的爱很好，
但自己送上门的更棒。**

**Love sought is good,
but giv'n unsought is better.**

奥丽维娅告白被拒后，再次以不同的话术来劝说伪装成男人的薇欧拉接受她。

《第十二夜》（*Twelfth Night*）第三幕第一景 Act III, Scene I

## 不费力得来的，是否也是值得珍惜的幸福？

奥丽维娅被爱冲昏了头，一直缠着薇欧拉，希望对方能接受自己的爱，最后甚至说到要把自己送上门去给薇欧拉。薇欧拉被主动的奥丽维娅给吓坏了，便急忙要离开。

奥丽维娅的这句话，若用来探讨爱情中的“追求”与“被追求”的角色，审视主动与被动的互动关系，则甚为有趣。

如果是由被追求者口中说出，则是反被动为主动，享受被追求有如坐等鱼儿上钩的乐趣；反之，如果是追求者所说的，实为反主动为被动，展现出急欲把自己推销出去的低姿态，希望对方接受自己的爱情。

奥丽维娅的言语，透露出她是一个主动的女性，习惯出击，而不是坐等他人的追求。所谓的“女追男隔层纱”的说法，在莎士比亚时代并不常见，因为当时的婚姻以结合两家利益为优先考量，爱情并不是重点。

因此，在那样一个保守的时代里，主动的女人给人的印象是无法被驯服的、带有破坏性的，甚至会被评断为道德沦丧、不知检点，与现代所崇尚的女性自主权背道而驰。

若以积极追求幸福这点来看，女性确实有主动跨出步伐的权利，幸福的状态无所谓主动、被动，除了机缘，也要有勇气。

爱情里，谁主动与谁被动都无妨，重要的是双方能就此携手向前。

## 036

爱到深处，
小疑变忧虑；
当忧虑渐增，
爱意随之萌发。

Where love is great,
the littlest doubts are fear.
Where little fears grow great,
great love grows there.

哈姆雷特邀叔父、母亲、奥菲利娅和大臣们欣赏剧团演出。哈姆雷特指导剧团演出侄子谋杀叔父国王的剧目。此句为演员皇后的台词，表达她对国王的情意甚深。

《哈姆雷特》（*Hamlet*）第三幕第二景 Act III, Scene II

## 爱情里，在乎的越多，忧心也随之倍增。

哈姆雷特请剧团演出侄子谋杀叔父的剧目，就是为了验证过世父亲鬼魂的话。哈姆雷特趁机观察叔父克劳狄斯的反应。剧中的皇后与国王间的互动，全然对应出哈姆雷特的父亲与母亲之间的过往情深。

剧中的国王与皇后已结婚三十年，皇后很担心国王的身体，害怕失去他。皇后说，一旦女人陷入爱情，这种因为在乎而产生的担心、害怕，也将紧紧跟随着她，挥之不去。

爱与愁本是一体两面。遇到心仪的对象，眼睛总是跟着对方的身影移转，揣测着他细枝末节的小动作，到底是有意还是无意，在这种猜测中，心情也随之荡漾。

爱情的结合，是把自己的心交给对方，手牵手一起共度生活里的酸甜苦辣，进而将情感渐渐堆栈成绵长的河流。经历过人生种种，我们所惧怕的往往是对方先放手，留自己独活。

恋人们总摆脱不了这类未定的设想，你说爱情怎不能叫人忧虑?

周华健的《让我欢喜让我忧》这首歌词中所描述的，就是男子在爱人离去后的心境。把一颗心兀自交托给对方，坦然地暴露出自己的脆弱之处，自此，我们终究逃脱不了为对方担忧、悬着一颗心的命运了，和对方在一起的每一刻都成了又甜又酸的患得患失。

▌爱是享受甜蜜，也一并承担可能失去的风险。

# 037

她因我经历的危险而爱上我，
而我则因她的怜惜而爱上她。
这是我唯一使用的魔法。

She loved me for the dangers I had passed
And I loved her that she did pity them.
This is the only witchcraft I have used.

奥赛罗向威尼斯公爵与苔丝狄蒙娜的父亲勃拉班修解释为何苔丝狄蒙娜会爱上他。

《奥赛罗》（*Othello*）第一幕第三景 Act I, Scene III

## 相爱只是一时的破题，长时间的维系才是难关。

勃拉班修向公爵抱怨，他的女儿苔丝狄蒙娜被魔法所蛊惑，因而爱上了奥赛罗。奥赛罗解释，勃拉班修因好奇自己的生平，经常邀请自己前往他家做客，并频频请他讲述人生的故事，苔丝狄蒙娜是被自己的精彩故事所吸引，因而爱上他。

是什么样的构局，会让一个人爱上另一个人？

纵使我们说得出具体的理由，但当我们静静回想之后，理由似乎又不全然是如此。爱的由来，无法用理性思考来具体界定，因此，西方人用爱神丘比特的箭来解释人们坠入情网的起因。

爱意产生的另一说，是“女巫的魔法”。莎士比亚身处的时代仍然相信女巫能与恶魔做交易，以换取超自然的力量。当时，女巫的形象通常跟又老、又穷、未婚的女子做联结。她们的宠物，往往不是乌鸦就是蟾蜍，而这些女巫的宠物，也被视为她们与恶魔之间的使者。

在许多的传说中，女巫能飞行，因为这时期扫把逐渐变成家庭中的常用物品，而使用者又以女性居多，于是女巫骑乘扫把飞天移动，便渐渐成为典型的女巫形象之一。

是这般“爱情的魔法”，让苔丝狄蒙娜与奥赛罗相爱，却也是如此的魔法，让奥赛罗深信谗言因而怀疑苔丝狄蒙娜的爱是否忠诚。说到底，爱情的魔法，可以让人相恋，也可以让人相厌。

爱上一个人就像被施了魔法一般，怕的是魔法消失的瞬间。

## 038

**轻如空气的琐事，**
**对于好嫉妒的人来说，**
**是如同圣经箴言般的确证。**

Trifles light as air,
are to the jealous confirmations strong
as proofs of holy writ.

拥有胜利人生的奥赛罗让下属伊阿古心生妒忌，于是伊阿古决意用计破坏奥赛罗的婚姻。

《奥赛罗》（*Othello*）第三幕第三景 Act III, Scene III

## 疑心生暗鬼，信任才是关系中的基石。

伊阿古是奥赛罗的下属，但因奥赛罗提拔了另一位下属，加上奥赛罗身为肤色较深、外地来的摩尔人，却能位居高位，种种原因都让伊阿古心生妒忌，决意用计破坏奥赛罗和苔丝狄蒙娜的婚姻。计谋之一，就是伊阿古要求妻子偷走苔丝狄蒙娜的手绢。

从一开始，奥赛罗和苔丝狄蒙娜的婚姻就遭到了众人的质疑。身为摩尔人的奥赛罗表面上镇静，澄清两人因爱结合，然而，奥赛罗内在的自卑却开始蔓延。

一拿到手绢后，伊阿古独白道出其目的和计谋。他打算将它放到凯西奥的家里，从而让奥赛罗怀疑苔丝狄蒙娜出轨。奥赛罗果然如伊阿古所想的，在发现凯西奥有妻子的手绢后，引燃妒忌之火，伊阿古借着奥赛罗的弱点，顺势加油添醋，最终促成了奥赛罗误杀妻子的悲剧。

对于恋人来说，自卑与不信任是爱情的头号杀手，因为自卑会让人缺乏安全感，而在一段没有安全感的关系中，任何举动都可能是出轨不忠的暗示。没有信任，再多的感官激情也维持不了一段感情，最后，只会让自己被怀疑与妒忌吞噬，关系也随之瓦解。

奥赛罗的爱是残缺的爱，来自自己的出身与肤色的自卑感，使他在心中企求他人因爱与关心而认可他，他便可以修补自卑。苔丝狄蒙娜给了他怜爱与理解，抚慰了他的心，但因奥赛罗对自身的否定与信心缺乏，他终究还是无法全然相信妻子对他的真心，而酿成了这一场爱情悲剧。

> 妒忌是复杂的情绪，代表你在乎对方，想要全面占有对方，同时更显露出自身的不安全感。

## 039

这是她的错，还是我的呢？
引诱者与被引诱者，
何者的罪行更重？

Is this her fault or mine?
The tempter, or the tempted,
who sins most, ha?

依莎贝拉前来寻找安哲鲁，试图说服他免除她弟弟克劳狄奥的死罪。

《一报还一报》（*Measure for Measure*）第二幕第二景 Act II, Scene II

# 爱情有如姜太公钓鱼，愿者上钩。

即将成为修女的依莎贝拉前来替弟弟克劳狄奥向安哲鲁求情，请他饶过克劳狄奥，免除他的死罪。

安哲鲁一开始态度强硬，依莎贝拉一而再、再而三以温柔的软语请求，他的态度这才逐渐软化。安哲鲁说需要想一想，于是请依莎贝拉隔天再来找他。依莎贝拉离开后，安哲鲁兀自沉浸于思绪中，忽然意识到自己喜欢上了依莎贝拉。

安哲鲁的独白，透露出男性内心里的小剧场。依莎贝拉为了替弟弟恳求，姿态越放越低。从一开始见面时她的言语青涩生硬，到最后放低姿态，希冀安哲鲁能有同理心，甚至想用替他祈祷的方式来打动他。面对一个美丽女性这般可怜又真诚的请求，安哲鲁如同大多数男人一样，无法抵挡因而心软。

生活中我们常常可见，男性对于心仪对象的请托或需求，必定拼命去完成。以为只要达成对方的期待，对方就会喜欢上自己。这往往是一种误读，对方感激你的帮忙，但未必要拿爱来交换。

以豁达的态度来看，被当成“工具”的男性也别太难过，爱如姜太公钓鱼，愿者上钩，既然自愿，就别抱怨。对于语言的解读，不同的立场往往各有不同的诠释，一个巴掌拍不响，不是吗？

说到爱情，你情我愿，谁都不怨。

# 040

## 爱神丘比特用箭捕捉某些人，而有些人则需要动用陷阱。

## Some, Cupid kills with arrows, some with traps.

想促成姻缘的希罗打算用计，让贝特丽丝以为培尼狄克因为爱着她而苦恼不已，促使两人爱上彼此。

《无事生非》（*Much Ado About Nothing*）第三幕第一景 Act III, Scene I

## 接受爱情的到来，需要胆量和胆识。

贝特丽丝与培尼狄克只要一见面就唇枪舌剑，两人你一言我一语，相互奚落，以取笑彼此为乐。

希罗看得出来，贝特丽丝和培尼狄克是天生一对，但碍于贝特丽丝原本就打算终身不嫁，对于情爱之事没有很热衷，偏偏培尼狄克也没有主动表达情意，于是两人便一直没有捅破这层窗户纸。希罗想促成这对欢喜冤家，打算用计让两人表露心意。

在希腊神话中，丘比特是爱神维纳斯的儿子，他的长相十分俊美，跟现在图像描绘成的丰腴小天使形象差异甚大。丘比特虽然拥有足以让人爱上彼此的神箭，但他与赛姬的爱情故事，在希腊神话中却是出了名的曲折。

赛姬违反承诺偷看丘比特的面貌，再加上维纳斯厌恶赛姬，两人因而分开。为了能和丘比特重新在一起，赛姬答应完成维纳斯的三道难题。

赛姬要分类谷粒、上山找金羊的羊毛，最后甚至要到地下冥府去取得冥后波塞芬妮的青春灵药。最终，还是宙斯的介入才让丘比特与赛姬能再度聚首。丘比特与赛姬分别代表“爱欲”与“灵魂”，两人结合生下来的女儿名叫弗拉塔丝，也就是享乐之神。

当爱情到来的时候，我们往往不能察觉，不一定能一见钟情，也可能是从“相看两相厌”到“越看越顺眼”。中间那段日子的苦恼和纠结都是必要的，那是甜蜜的拉扯，但命定的爱情，终究会在对的时刻到来。

▌爱情无以强求，却总是在出其不意的情况下萌芽。是你的，终究跑不掉。

## 041

**如果你一点也记不得自己曾为爱做了什么蠢事，
那么，你从没有爱过。**

**If thou remember'st not the slightest folly
That ever love did make thee run into,
Thou hast not lov'd.**

在亚登森林里，牧羊人西尔维斯谈论着他对牧羊女菲芯的爱，说家会令人做蠢事。

《皆大欢喜》（*As You Like It*）第二幕第四景 Act II, Scene IV

# 谈恋爱，是让人傻事做尽的通行证。

两位牧羊人西尔维斯和柯林，正在热切讨论西尔维斯对于菲芯的爱。对于西尔维斯的示爱行动，菲芯没有太多的正面反应，态度上甚至有一些轻蔑。柯林声称自己的恋爱有千次之多，但西尔维斯仍认为柯林没有像他爱菲芯那般爱得深刻。

西方自中世纪以来，"牧羊人"的角色常出现在各种文学作品中。在圣经中，耶稣基督也被比喻为带着羊群的牧羊人，领着人类走过死亡幽谷，往永生之路迈进。文学作品里的牧羊人常与自然和田野做联结，他们通常是纯朴的乡下人，随着四季的变换，与大自然一同与世无争地共荣共存。

然而，《皆大欢喜》中的牧羊人西尔维斯不仅无法沉浸于自然中获得欢喜，反倒为爱苦恼、为爱叹息、为爱坐立不安、为爱不知所措，甚至为了示爱，不惜做出各种蠢事。

自古以来，"牧羊人"的形象本就带有乡下人的质朴，所以他们感受到和付诸行动的爱情，更是直接而浓烈，毫无过度的美化或修饰。

也许，过了几年后，我们再回头看，想起青春岁月里的苦恼和蠢事，仍会不自禁地嘴角上扬，那些心底隐秘的身影都成了坦然的回忆。

年轻的时候，就应该勇敢地爱，纵使受伤跌倒，纵使苦涩难咽，终将编写成美丽的青春之歌。

▌人不痴狂枉少年，种种点滴都是成长的养分。

## 042

男人在追求女人时，
有如四月一般活力四射，
结婚后则像灰暗的十二月天。
女人还未出嫁时，
是风光明媚的五月天，
当她们成为人妻之后，
则像是风云巨变的六月天。

Men are April when they woo,
December when they wed.
Maids are May when they are maids,
But the sky changes when they are wives.

罗瑟琳与奥兰多的对话，以实际又机灵的口吻描述男女在婚前和婚后的差别。

《皆大欢喜》（*As You Like It*）第四幕第一景 Act IV, Scene I

## 恋爱与结婚是两回事，维系热情才是终生课题。

伪装成男儿身甘纳米的罗瑟琳与奥兰多对话，她要奥兰多将她当成罗瑟琳，练习如何对她说情话、追求她。

后来，罗瑟琳要求西莉娅假装成牧师替他们两人证婚。罗瑟琳询问奥兰多会陪伴在罗瑟琳身旁多久，奥兰多回答："比永远还久。"

听到如此浪漫的回答，罗瑟琳却反而觉得他太过于理想化，于是她描绘出男人和女人婚前以及婚后差异甚大的真实状况。

莎士比亚以类比的方式，用月份以及天气来点出男女关系在婚前和婚后的差异。

男人在追求之际，如同四月春天一般充满活力，用尽心思、耍尽浪漫，就是为了要赢得爱人的芳心；步入婚姻后，男人重心转移到如何经营家庭和事业上，于是男人不再对女人献殷勤，老夫老妻，如同十二月天一般死气沉沉。

那女人呢?

女人婚前享受开心的单身生活，跟朋友吃下午茶、购物、出国旅行，把自己打扮漂亮与对方约会，如同风光明媚的五月天；婚后，女人的重心转移到家庭上，照顾老公和小孩，整天绕着家里打转，生活圈缩小，能谈论的也不外乎是家里的大小事，每天为了维系生活秩序、被家务事缠身的主妇们，若没有得到适当的关爱和排解，很快地，她们的情绪就会如风云般骤变，失控且难以预料。

恋爱和婚姻都是情侣双方所建立的关系，一开始的钟情总是热烈，但想要长期维系情感的温度，却是一个恒久的课题。

> 结婚是两个人加上彼此的家庭关系，不论开心或难过，都要一起牵手共度。

# 第3篇

# 成长
## 终将带我们走向远方

站的位置越高，纵使有看似更好的视角，仍有可能是盲目的，要以宽大之心填补思考的空洞。

## 043

**让你的眼睛自由，**
**看看其他的美女。**

By giving liberty unto thine eyes:
Examine other beauties.

表哥班伏里奥劝罗密欧要放开心胸才得看到其他可能，不要执着单恋罗瑟琳一人。

《罗密欧与朱丽叶》（*Romeo and Juliet*）第一幕第一景 Act I, Scene I

## 眼界放宽，心门打开，才有其他的可能。

罗密欧因为单恋罗瑟琳而神伤，班伏里奥开导罗密欧，要他张开双眼，看看身边的其他美女，忘了罗瑟琳。罗密欧则认为，看的美女越多，越是让他联想起罗瑟琳的好，反而更加念念不忘。

怎样才能忘掉一个人？

班伏里奥给罗密欧的建议是，给予眼睛多一点自由，不要自我限制，不要将注目的眼光停留在特定的人身上。班伏里奥提出的建议，是从局外人的角度来看待陷入苦恋者所遭遇到的困境。

十之八九，面临情伤的人总将自己困在伤心的小圈圈里，把广阔的天地缩成眼前的小角落，以为眼前这般的折磨就是一辈子了。

越是在困顿之际，越要给予自己自由，不论是心灵的自由、眼界的自由，还是行动的自由。要让自己跳出自我限制的时空，看看自己以为的伤心天地，其实也不过是个背离阳光的阴暗角落罢了。

而班伏里奥所谓“给予眼睛自由”，就像是把相机的镜头往后拉，而不是永远聚焦于同一个点上，退一步反而更能望见广阔的风景。空出的位置，是要让自己的枝芽向外伸展，找到机会茁壮成长。

当你身处黑暗之际，只要一个转身，就会明了那背光只需要一个角度切换。

# 044

**爱给我力量，**
**力量足以帮助我。**

Love give me strength,
and strength shall help afford.

两家世仇恩怨让两人恋情受阻，劳伦斯教士提议用计逃离凯普莱特家族，朱丽叶听完之后，以这句话回应。

《罗密欧与朱丽叶》（*Romeo and Juliet*）第四幕第一景 Act IV, Scene I

## 爱是我们最初和最终的依靠，让我们勇敢前行。

罗密欧与凯普莱特家族的提伯尔特发生冲突，并且误杀了他，被判定流放异地。表哥意外过世让朱丽叶很难过，但更让她伤心的是，罗密欧得为此远走他乡。为了跟罗密欧私奔，朱丽叶求助于劳伦斯教士。教士建议朱丽叶演一场假死的戏码，让众人相信她已死去，她便能脱离凯普莱特家族，与罗密欧相聚。

朱丽叶对罗密欧的爱使她充满力量，因此决定忠于自己的感觉，演一场戏与家人说再见。朱丽叶也因为对罗密欧的爱，使她从一位柔弱、需要乳母照顾的凯普莱特家小姐，转变成决意掌握自己命运的勇敢女人，决心跳出家族纷争、与爱人相守一生。

《罗密欧与朱丽叶》之所以会成为经典悲剧，总归来说，一部分是因为两家难解的家族纷争，另一方面则是两个年轻人被爱冲昏头后，莽撞行事的后果。

换个角度思考，如果朱丽叶没有违抗父母的命令，默默把对罗密欧的爱深埋在心底，而嫁给父母给她安排的结婚对象帕里斯，那她在往后的午夜梦回时，是否仍会想起这段刻骨铭心的爱恋？无法改变早已注定的命运，不也是最无力的悲剧？那些对人生假想的“如果”往往成就了我们的遗憾。

爱让我们产生力量进而勇敢，有力量承担、有力量付出。不过，任何一种形式的爱，前提必须是源自对自己的爱，因为拥有爱自己的能力后，你才会愿意将这份爱分享给自己所爱的人；也因为这份爱，你才有力量与另一个生命共同面对生命里的重重考验。

> 爱的力量有多大，源自于你有多爱自己，这样的正向练习会让我们因勇气而发光。

# 045

美好的事物稍纵即逝。

So quick bright things come to confusion.

当赫米娅感叹情投意合的两个人无法如愿一起相守时，拉山德对赫米娅相劝相爱的道理。

《仲夏夜之梦》（*A Midsummer Night's Dream*）第一幕第一景 Act I,

## 珍惜此刻，能把握的只有当下。

拉山德对赫米娅说，即使相爱的两人能如愿相伴，往后也可能遭遇病痛的阻断，甚至死亡的破坏，使得爱情的长度难以延续。因此，沉浸在爱情中的甜美时光，可能就像划破夜空的流星，虽然美丽闪耀，却稍纵即逝、难以捕捉，最后消逝在黑夜之中。

凡事岂能尽如人意？人生的路上总是充满变量，就算成就了一件事、满足了一个愿望，人生还是要继续下去，更多可能出现的困难，还是会打破我们现有的幸福和成就。

在童话故事中，白雪公主和白马王子最后总能克服千难万险幸福地生活在一起，但之后最真实的挑战才刚开始，只是故事的镜头不会带领我们望向他们之后相处的柴米油盐中。

生活中的挑战与挫折都是常态，我们本该要有面对命运的决心。正如赫米娅对拉山德的回应，就算不知道未来会遇到什么阻碍，我们都要试着拿出耐心来处理问题，唯有正面迎战，才能继续向前。

你还在为生活中的不如意而懊恼吗？不如换个心境，让瞬间的幸福成为克服困境的动力，因为生命的旅途中有美丽、有哀愁，纵然美丽稍纵即逝，哀愁也未必长久。享受瞬间的幸福，敞开心扉去品尝这五味人生吧！

苦也好，甜也罢，都是人生最真实不过的滋味。

# 046

**喔！时间，**
**请你解开这个结，**
**我没办法，这结太复杂，**
**我解不开它。**

Oh time,
thou must untangle this,
not I,
It is too hard a knot for me to untie!

奥丽维娅的热切态度让薇欧拉觉得事有蹊跷，当时奥丽维娅已爱上女扮男装的她了。

《第十二夜》（*Twelfth Night*）第二幕第二景 Act II, Scene II

## 时间的难题让人类困惑，但也终将带来解答。

薇欧拉替公爵奥西诺向奥丽维娅传递爱的戒指，而奥丽维娅转托管家将戒指退还给薇欧拉。薇欧拉回想着自己和奥丽维娅见面时的互动情形，发现她十分亲切热情、频频找话题亲近自己。得知戒指被退回后，薇欧拉几乎可以肯定奥丽维娅爱上她这个假扮成男子的女人了。但实为女儿身的她，其实爱着奥西诺，而奥西诺爱的却是奥丽维娅，这个难解的“三角题”令她苦恼。

于是，薇欧拉祈求时间能解开眼前的死结（untie the knot）。后来，“时间”的确解开了困境，薇欧拉和奥西诺结婚（tie the knot），而奥丽维娅则嫁给了薇欧拉的双生哥哥，结局皆大欢喜。在英文中，“结婚”有一个有趣的说法就是“tie the knot”，字面上的意思就是“打结”，象征相爱的两人结为连理。

在莎士比亚的作品中，“时间”所代表的概念有多种样貌和作用。他的十四行情诗里，年轻人的时间是珍贵无价的，而青春的美好更是有如盛夏。然而，相对而言，时间也可以是冷酷无情的，它径自迈步向前，分毫也不停留。不论快乐或伤痛，终将随着时间而去。自然界的季节似乎是恒常不变的循环，而其中的人事物却将随着时间灰飞烟灭。

有时候，即便我们绞尽脑汁，但眼前的难题仍苦无解决之道，这时倒不如先暂停一下，放下挣扎，与问题同处，继续人生的平缓步调。总会有这么一天，时间将为你找到解答，如果解答迟迟未出现，那就表示还没走到最后。

**此刻的问题，未来将带来解答；在那之前，请给予自己一些时间。**

## 047

**我还是个小男孩时，
嘴上喊着嘿吼，历经风吹与雨淋。
蠢东西就像玩具，
因为雨啊，每天都会落下。**

When that I was and a little tiny boy,
with hey, ho, the wind and the rain.
A foolish thing was but a toy,
for the rain it raineth every day.

傻瓜费斯特在最后一幕唱的歌曲，反映人生多有挑战和变化，这才是常态。

《第十二夜》（*Twelfth Night*）第五幕第一景 Act V, Scene I

## 生活总在风里来、雨里去，无常即人生的常态。

《第十二夜》一剧最后的尾声，奥丽维娅与薇欧拉的双胞胎哥哥塞巴斯蒂安成婚，而薇欧拉也变回女儿身，与奥西诺牵手共谱恋曲，一起走向欢喜的大结局。戏剧最终幕，傻瓜费斯特唱着一首歌曲，内容尽是成长中风雨交错的现实世界。

《第十二夜》充满了音乐气息，但每个不同背景的角色对于音乐的态度都迥然不同。奥西诺说音乐是“爱的粮食”；对培尔契爵士来说，情歌则是“一首歌颂美好人生的歌曲”；对傻瓜费斯特来说，“音乐”的本质则和前面两位的诉求大不相同，他所唱的歌曲总是带有嘲弄意味，多以贵族们身处的美好世界为背景。

费斯特所唱的是一位生活情景不安稳的男孩，他默默接受了自身的困境，从未有怨言。从“男孩”到“男人”的过程，他始终找寻不到自我的人生定位，既没有显赫家世也没有财产可继承，在每个场域之中，他总扮演着局外人的角色，即便在成家之后，他仍旧一事无成，虽有家管严谨的太太，却成日与其他酒鬼厮混。

不同于贵族们的欢喜结局，傻瓜费斯特唱出的是多数底层庶民的风雨人生。含着金汤匙出生的贵族们原本就是人生赢家，不论外头是风雨或艳阳，都影响不了他们。然而，实际上，我们更能体会傻瓜唱出的无情现实，因为与磨难共生，才是生存的实感。

> 所谓的人生，有时下着雨，让我们沉淀思绪；有时有炙人的太阳，晒干烦闷。

## 048

跟我一样的年轻人，
见闻不足，
生命经验也不够丰富。

We that are young.
Shall never see so much,
nor live so long.

剧终，大臣葛罗斯特的嫡长子爱德伽于李尔王死后所说的话，充满了人生智慧。

《李尔王》（*King Lear*）第五幕第三景 Act V, Scene III

## 人生路上且走且学，因为经验值需要时间来累积。

李尔王在失去江山之后，备受大女儿与二女儿的欺凌与背叛，最后又眼睁睁看着三女儿考狄利娅为自己讨伐失败后被处死，终于心力交瘁昏厥死去。爱德伽见李尔王悲伤死去，内心哀痛不已，他认为逝者遭遇的一切，我们未必能感同身受。

爱德伽的这一席话充满了人生的智慧，他尤其警惕年轻人切勿自视甚高、过于骄傲，自以为能够看透人间世故、体验人生百态。事实上，如果凡事我们总是能置身事外，便容易对发生在他人身上的事情妄下评论。

倘若，我们只能骄傲地用自己的标准、甚至是生命经验来评定他人存在的价值，那么，我们不但无法从他人所遭遇的苦难和挣扎中习得智慧，也无法了解自己尚待努力的空缺，或是成长的可能。

关于别人的苦痛，请试着不加诸自身的价值观去体会、去理解。即便我们的视角再高远，仍会有死角，不要轻易评判或否定他人的抉择，而是要以宽宏和谦逊的心从中学习，努力增广见闻，使自己的人生经验越加丰富。

站的位置越高，纵使有看似更好的视角，仍有可能是盲目的，要以宽大之心填补思考的空洞。

## 049

**事情没有好坏，**
**端看个人想法而定。**

**For there is nothing either good or bad,**
**but thinking makes it so.**

心情郁闷的哈姆雷特与两位远道而来的友人的对话，说明心态转换的重要性。

《哈姆雷特》（*Hamlet*）第二幕第二景 Act II, Scene II

## 思考的角度，决定你看世界的态度。

因为父亲的过世，哈姆雷特整个人变得疯疯癫癫，为此，哈姆雷特的母亲和叔父克劳狄斯，邀请他在维滕贝格大学的两位好友前来陪伴他，希望能舒缓他忧郁的心情。哈姆雷特表示，丹麦对他来说就像个监狱一样，是世界上最糟糕的地方，两位好友询问其原因，哈姆雷特道出他的忧郁和噩梦缠身的现状。

事物的好与坏没有绝对性，只有相对性，端看每个人诠释的角度如何。在莎士比亚身处的年代，哈姆雷特的忧郁会被解读为身体里的体液不平衡所导致的。

“体液理论”源自希腊罗马时代，主张人类的性情是由不同体液所组成的。体液包含四种：血液（blood）、黄胆汁（yellow bile）、黑胆汁（black bile）、黏液（phlegm），四种体液各有干湿和冷热之分。每个人身体体液的组成比例不同，由此衍生出不同的性情（temperaments）。

哈姆雷特的忧郁心情笼罩了他所身处的世界，只要一天不报父仇，不论任何地方，对他来说都是压迫的牢笼。

当糟糕的事情发生时，要当事人第一时间乐观面对，的确也太强人所难。人生在世，我们总会有一时间无力面对的关卡，如果能把负面的情绪经由自我诠释转为正向的态度，才能成为自己命运的主人。

**生命可以有多重面貌，成为大人后的我们，要有平衡正反的力量。**

## 050

**生存还是毁灭，
这是一个值得考虑的问题。**

**To be, or not to be:
that is the question.**

因为父王的骤然去世，丹麦王子哈姆雷特遭遇了一连串的人生骤变。为了追求真相，哈姆雷特陷入了权力争夺和家庭风暴之中，面临着生存或毁灭的人生难题。

《哈姆雷特》（*Hamlet*）第三幕第一景 Act III, Scene I

## 人生永恒的习题，往往在于进退两难的选择之中。

就算不是莎士比亚的粉丝，“To be, or not to be.”这句话，你肯定也相当熟悉，它表达了王子哈姆雷特在面临人生的重大抉择时，内心的种种矛盾、纠结与痛苦。

我们的人生都是由种种的“选择”所累积而成的，而在面对每个可能引发巨变的人生机缘时，我们多少都得或主动、或被动地做出每一项决定，可能因此必须承受超出负荷的生命之重。

哈姆雷特的选择，自然也是有得有失的，就算遭遇了生命中无法承受的困境，他仍然没有选择逃避。或许人生的选择之所以困难，并不在于选择的优劣，而是不论我们做出什么样的决定，都必须面对选择之后的得失。

然而，如同“死亡”，“逃避”是无法改变任何困境的。

生命一旦没有进展，便失去了正面意义。正面的人生之道，在于接受选择，也勇于接受随之而来的动荡，若能先拥有这样的心态，眼界便会开阔许多。

> 面对选择的困境，重点不在于选择本身，而是做出决定后得要负起的得失重量。

# 051

## 为了行善，我必须残酷。

## I must be cruel, only to be kind.

哈姆雷特的母亲召唤儿子前来她的寝室谈话，此句是哈姆雷特咄咄逼人的与母亲的对话。

《哈姆雷特》（*Hamlet*）第三幕第四景 Act III, Scene IV

## 有时候亲密的严厉，是要让人预习世界的不善良。

哈姆雷特心中怀有怨恨，因为母亲在父亲过世后不久就改嫁给了叔父，而叔父还有可能是谋杀父亲的凶手。

在母亲的背叛和杀父之仇的交织之下，哈姆雷特的性情变得阴郁而疯狂，让人难以捉摸。哈姆雷特与母亲的对话，句句直指母亲犯下不贞的罪行，而她听了这席话，难以招架、伤心不已。

哈姆雷特对母亲厉言相向，一方面是抒发母亲快速改嫁后，为人子的他所感受到的背叛心情；再者，是为了让母亲能够觉醒，看清叔父的真面目。哈姆雷特自认为，他的残忍来自他对母亲的爱，即所谓“爱之深，责之切”。

像哈姆雷特这般“我是为了你好”的心态，在人际交往的关系中，不失为时常体现的一个视角盲点。为了对方好，就任意干涉另一个生命的选择和决定，这是一种自我膨胀的表现，因为对方看不到你所谓的好，你便插手让对方看到你眼里所认为的更有利的选择，进而剥夺对方的决定权，实际上，这并不是真正的为对方好。

在英文语系的国家中，“be cruel to be kind”的说法已相当常见，它所表达的意思就是，为了对方好，纵使要先伤害对方，也是为了最终良善的目的。

但是，真是这样吗？

付出的本质和前提，必须是对方可以欣然接受的，千万不要让所谓的“爱”成了对方的负担。

▌给对方需要且适度的爱，才是最大的给予。

## 052

**自我怀疑是叛徒，
使我们害怕尝试，
而失去可能获得的美好。**

**Our doubts are traitors,
and makes us lose the good we oft might win
by fearing to attempt.**

路西奥告知依莎贝拉她弟弟面临死刑的处境，并鼓励她前去设法营救弟弟。

《一报还一报》（*Measure for Measure*）第一幕第四景 Act I, Scene IV

# 遇到挑战，不要和怀疑当朋友，否则只会画地自限。

克劳狄奥的好朋友路西奥前去修道院，将克劳狄奥犯通奸罪，以及城里近来严厉执行法律的情况，描述给依莎贝拉听。依莎贝拉对此感到很惊讶，不知道自己能做什么，路西奥鼓励她前去找代理城邦主安哲鲁替弟弟克劳狄奥求情。

面对执行严刑峻法的安哲鲁，依莎贝拉感到无力和恐惧。她只是一个修道院的新进实习生，一心只想脱离俗世，过着清贫静修的生活。以她一个弱女子，能替弟弟做些什么呢?

然而，路西奥的话提醒了她，女性的柔弱特质可以软化刚硬近乎无情的安哲鲁。当面临挑战时，我们害怕未知及失去，往往画地自限，把自己放在舒适圈里，双手紧握着的，不过是我们自以为是的匮乏。

恐惧是正常的防卫机制，保护我们远离危险；但过多的戒慎也会让我们安于现状，失去挑战自己、尝试发挥潜能的机会。

面对未知的危险，“战斗或逃跑”（fight or flight）是人类与生俱来的保护机制；然而，善用思考和评估风险，把恐惧化为勇于挑战的动力，一步步探索未知，我们才不会只是停滞在每一个当下，却无以迈向未来。

> 与其终日评估着各种计划的可能，不如付诸行动；即使尝试过后失败了，我们终究对得起自己的勇气和努力。

# 053

## 悲惨无其他解药，唯有希望。

## The miserable have no other medicine but only hope.

克劳狄奥因使未婚妻怀孕而深陷囹圄，与伪装成修士的文森修公爵在狱中展开的对话，说明希望的重要。

《一报还一报》（*Measure for Measure*）第三幕第一景 Act III, Scene I

## 转换心境，永远怀抱希望。

文森修公爵假装因事暂时离城，维也纳的大小事便交由安哲鲁代为管理。安哲鲁力图执行严刑峻法，以端正道德风气，当时克劳狄奥的未婚妻怀孕，使得他必须面临死刑。公爵文森修伪装成修士，与被监禁的克劳狄奥会面。他问克劳帝奥是否希望得到安哲鲁大人的赦免？

克劳狄奥表明已被判死罪的他，只能继续抱持希望，因为那是他目前仅有的一切。无论遇到再糟糕的情况，都要抱持最后一丝的希望，因为希望是人类生活的动力。而在希腊罗马神话中，“希望”也有一个让人深思的典故。

神话中，泰坦族“普罗米修斯”从神界偷来火种给予人类，人类因此而能吃熟食和抵御野生动物。普罗米修斯为人类偷火种的行为，让神很不开心，为了惩罚人类，神创造了一个名叫潘多拉（Pandora）的女人。

在潘多拉进入人类的世界之前，众神给了潘多拉一个盒子，并告诫她不可任意打开盒子。但是，好奇的潘多拉还是忍不住违背众神的警告。当她一打开盒子，她发现里面装满了各种可怕的东西，如“战争”“饥荒”“水灾”“邪恶”“愤怒”等，它们全部都来到了人类的世界里，可惜的是，唯独把“希望”留在了盒子里。

看过现实世界的残酷黑暗、遇到不公不义之事，或身处于暂时无法脱离的困境时，千万不要消极地放弃一切，失去希望，因为能让我们保持纯真的童心，在黑夜中行走于幽暗之地仍能带着一抹微笑的，终究是“希望”。

> 刚刚好的消极是正当的心理防御，我们可以做足最坏的准备，然后怀抱希望继续向前。

# 054

## 除了受伤的人之外，
## 其他人都知道如何克服伤痛。

Well, every one can master a grief but he that has it.

培尼狄克被设计认为贝特丽丝爱上自己，然而他自己似乎也陷入爱情的迷雾之中。

《无事生非》（*Much Ado About Nothing*）第三幕第二景 Act III, Scene II

## 当局者迷，旁观者清，请勿主观为他人的人生下定义。

培尼狄克才刚跟朋友宣称自己这辈子不打算结婚，他的朋友们就设计让他误以为贝特丽丝疯狂地爱上了他，只因怕被他嘲弄，而不敢表明。

培尼狄克隐身在花园树丛中，听到朋友的对话后，心境立刻转变。之后，他的性情明显改变，不再到处与人斗嘴，整个人变得心事重重，似乎是为爱心烦。

培尼狄克的朋友们你一言、我一语的，嘲弄着他心事重重的样子，但他不予理会，表明其他的人都知道该怎样克服伤痛，只有受伤者不懂怎样疗伤，如同他的处境一般。我们经常因为自己身陷痛苦之中而失去客观的判断力，旁观者提供的建议听来或许很有用，但当事人的心里却可能早已有定见，而只是选择性地聆听旁人的意见。

困境是因人而异的，有时会陷入困境，是因为自身独有的弱点与匮乏所致，即使旁人想拉陷入坑洞的人一把，但也要看坑里的人有没有意识到自己早已跌入坑中，以及这个人想不想奋力爬出，脱离困境。

人生中的每一寸伤痛，都是老天给我们的考验，每个考验的难易度无法评比，进度也无从比较，那是因为你我的课题不同，即使这次不及格，只要不放弃，总会有重修的机会。

> 老天发给我们的考卷不尽相同，只要静静当个啦啦队替对方加油就好啦，千万不要帮他写考卷。

# 055

从来没有一位哲学家
能耐心地忍受牙痛。

For there was never yet philosopher that could endure the toothache patiently.

里奥那托面对兄长的鼓励，道出身为人类所无法逃脱痛苦情绪的命运。

《无事生非》（*Much Ado About Nothing*）第五幕第一景 Act V, Scene I

## 受痛苦折磨时，你我皆是凡人。

安东尼奥安慰里奥那托，希望他不要再沉浸于女儿希罗过世的事情里，而过度伤心难过。里奥那托则以哲学家为例来回答他，说哲学家们不论写多少哲学思想的经典，仍然无法忍受牙痛的折磨。

在莎士比亚身处的时代，牙痛的问题很普遍，特别是贵族，因为他们精致的饮食中含有较高的糖分。当时的人若遇到牙痛，只能用一些草药和蜂蜜等混合成的药草包或泥状物，放置于口中，或涂在蛀牙之处，来缓解牙痛，万一痛到不行时，也只能拔牙。

十六世纪时并没有牙医，一般人牙痛时都是求助于调配药方的人、医生、甚至是理发师和铁匠。前两种人具备医药和治疗背景，后两者则纯粹因为身边有工具，可以在拔牙时派上用场，因而发展了拔牙的副业。

不管有多崇高的身份或多丰富的经历，每个人都需要有一个抒发伤痛的渠道，也需要被认同，被理解。苦痛是最公平不过的，就连哲学家一旦牙痛起来，也只能是像普通人一样跳脚、喊痛。总之，俗世的折磨，是不分高低贵贱的。

伤心难过的时候，想哭就哭，想颓废就颓废。温柔对待自己，让痛苦超脱成一种痛快。

# 056

**喔！好苦涩呀，**
**从别人的眼里看到**
**自己想要的幸福。**

O, how bitter a thing it is
to look into happiness
through another man's eyes!

奥列佛将与装扮成牧羊女的西莉娅结婚，弟弟奥兰多叹息且有感而发，期盼自己也得到同等的幸福。

《皆大欢喜》（*As You Like It*）第五幕第二景 Act V, Scene II

## 得不到的幸福，总是我们最企盼的想望。

眼看兄长即将结婚、得到幸福，奥兰多想到自己和爱人罗瑟琳的处境，就不禁叹息了起来，因为他所期盼和她共同拥有的未来已遥遥无期。

装扮成牧童甘纳米的罗瑟琳跟奥兰多说，他将用魔法让罗瑟琳现身，让他跟罗瑟琳在兄长婚礼的同一天完婚；当然，奥兰多不知眼前的男子就是他朝思暮想的那个女孩。

看到别人得到自己渴望已久的幸福，会是怎样的感受呢？是妒忌、失落、苦涩，还是愤愤不平？

《皆大欢喜》中的奥兰多看着兄长即将步入礼堂，想到日后他们将终日相伴，而自己朝思暮想的人儿却不在身边，失落之情溢于言表。

如今盛行的社交软件“朋友圈”，原意是架起沟通的界面，好去联络不在身边的家人和不易见到的朋友。在“朋友圈”中，大家发布的最新动态，不乏吃喝玩乐的照片、幸福的家庭照，但有些人看到他人的快乐和美好，反而会产生比较心态，觉得自己的生活不如朋友们幸福，甚至严重到心情低落。

如同托尔斯泰的名作《安娜·卡列尼娜》的开场白：“幸福的家庭千篇一律，不幸的家庭各有各的不幸。”

这句悟言，呼应的即是这种视角盲点，我们只看到自己所渴望的同样的幸福，只是他人生活中独有的苦难，往往是在别人看不到的角落里。与其羡慕网络上被包装过的他人幸福，何不通过自己的双手，拥抱自身的幸福？

> 幸福没有标准模板，无法比较。唯有面对种种人生百态而不求比较，才是创造幸福的开始。

# 057

## 发光的并不都是金子。

## All that glisters is not gold.

美丽多金的鲍西娅给追求者考验，摩洛哥王子选的金箱子里有写着这句话的字条。

《威尼斯商人》（*The Merchant of Venice*）第二幕第七景 Act II, Scene VII

## 金玉其外的，你如何知道不败絮其内？

聪明又美丽的鲍西娅继承了丰厚的财产，因而有许多的追求者。然而，在鲍西娅父亲的遗嘱中，特别提及要给鲍西娅追求者的考验，要求他们从三个盒子里选择出对的盒子。这三个盒子分别是金盒子、银盒子，以及铅盒子，其中有一个盒子里装有鲍西娅的肖像，选对的就能与她结婚，而追求者之一的摩洛哥王子选中的金箱子里，便装着写有此句的纸条。

这句广为流传的谚语“发光的并不都是金子”（All that glitters is not gold.）出处不明，但这句话在中世纪的英国就已经被频繁使用了，莎士比亚的《威尼斯商人》更是使这个句子成为脍炙人口的经典名句。莎士比亚使用“glister”来代换“glitter”，两者同样指的是“闪亮”“发光”的意思。

字面上所说的“闪亮的东西”，不是意指黄金，而是指表面上看起来诱人，但实质上却并非如此的事物。就好像市面上众多包装精美的商品，有些还附上诱人的赠品，但贩售者为何要加送赠品给顾客呢？除了促销的考量之外，有没有可能是为了掩饰商品本身的不足？美好的表面下所掩藏的背后的故事，总是鲜少为外人所见的。

美好动人的事物未必不好，也并非所有都能物超所值，重点是我们能否知道什么才是自己“需要”的，什么又是自己“想要”的。

这美丽的世界有那么多的诱惑，必须理解并正视自己的欲望。有时候我们明白什么是“一分钱、一分货”，但更为重要的是，我们在下决定时，也能秉持这种认知，不被表象所迷惑。

> 若能超脱表面，知道自己想要什么、能接受的是什么，才不会在后悔的选择之间打转。

# 058

人们吃太多蜂蜜而开始讨厌甜味，超过一点和过多都一样糟糕。

They surfeited with honey and began to loathe the taste of sweetness, whereof a little more than a little is by much too much.

亨利四世国王以生活上的例子为喻，劝诫儿子亨利王子不该跟平民百姓厮混。

《亨利四世》（*Henry IV*）第三幕第二景 Act III, Scene II

## 所有的美好，均有供需法则。

平易近人的亨利王子喜爱与平民来往，他的行为举止背离了一个国王应该有的尊贵与庄重。国王亨利四世劝诫王子应该远离平民，因为保有距离，才能得到百姓的尊重和珍惜。

亨利四世试图以生活上的例子来比喻，试着教导儿子如何塑造君王的形象和治民的统御术。对亨利四世来说，要塑造君王的权威形象，首先要建立起“距离感”，意即不要太常与民众接触。

亨利四世还认为，当一个君王出现于民众面前时，更要有君王的排场与姿态。距离感创造神秘感，民众摸不透君王的想法和个性，只能远远观望，自然会保持敬畏之心。君王之于百姓，如同百姓吃蜜糖。百姓一开始吃蜜糖时会很开心，因为蜜糖带来欢欣与满足感；但蜜糖吃多了，百姓也会觉得腻，如同君王若太亲民，超过临界点，百姓自然而然也会讨厌起君王来。

亨利四世的君王之道，直指出人类的天性。一种食物哪怕再美味，一旦可以常常吃到饱，人就觉得没新鲜感了。与人相处，给得太多，不一定能得到对方的欣赏与尊重。适当的给予，适时的要求，让施与受之间平衡，才是正确的相处之道。

先保有自我，才能有互相尊重的关系。

> “饥饿营销”不是没有道理。不必要的过分执着，将成为让自己消化不良的负担。

# 059

## 众神无情，
## 视人命为蝼蚁。

**As flies to wanton boys are we to the gods. They kill us for their sport.**

忠臣葛罗斯特伯爵因遭儿子背叛，泄漏军机，护主不成反被逮捕，双眼被挖出成为盲人，这段是他怨叹公义无法伸张，绝望地游走在荒野时所说的话。

《李尔王》（*King Lear*）第四幕第一景 Act IV, Scene I

## 公平正义何处寻，人生不过是一场生存游戏。

双眼失明的葛罗斯特对人性感到绝望，他将生命比喻为“苍蝇”，并以“顽皮的孩子掐死苍蝇的游戏”来比喻命运的蛮横。

他感叹地说，人的一生摆脱不了命运的捉弄，虽然努力挣脱，却只能任凭命运的摆布，丝毫没有招架的能力。因此，随着命运齿轮转动的人们，只有不停受苦、不断为了生存而挣扎。

葛罗斯特这一席话，也道出了人世间公平正义无法得到伸张时人的绝望和无奈。这世界存在着许多不公义的事，战争、贫穷、人性扭曲，以及道德沦丧等事件一再上演，人们为了私利而彼此争夺。无奈坏事一再发生，坏人得不到报应；而好事常被遗忘，好人却没有好下场。

既然我们都摆脱不了命运的安排，不如顺其自然，因为即便我们再计较输赢、争权夺利，也抵挡不了命运的主宰，我们所能做的不过是“尽人事，听天命”罢了。

把心放宽，就算无法做到事事如意，也能放下得失。如果我们能淡定面对生命里的无常和挫折，就算遭遇不公不义，也就能冷静应对，将苦痛积累为成长，成为走向未来的力量。

**将得失放在身后，让步伐轻快，前面的道路自然会展开。**

## 060

不要向人借钱，
也不要借钱给别人。
因为借钱给人往往同时会失去
金钱和朋友，而向人借钱，
会钝化节俭美德的锋芒。

Neither a borrower nor a lender be. For loan oft loses both itself and friend, and borrowing dulls the edge of husbandry.

雷欧提斯即将启程至法国读书，父亲波洛涅斯在与他告别时，特别叮咛儿子关于为人处事和生活的细节。

《哈姆雷特》（*Hamlet*）第一幕第三景 Act I, Scene III

## 朋友做到死，金钱别提起。

雷欧提斯启程前往法国前，波洛涅斯特别嘱咐儿子用钱的原则。朋友间金钱的借贷往来，常是彼此交恶的原因之一。

而且，除了紧急事件之外，向他人借钱，只会使自己离节俭美德越来越远，因为“借钱”即指一个人无法预估自己的荷包有多深，使自己的花费超越自己所能负担的金钱额度，于是只能被迫向他人借钱来支付自己多余的花销。可想而知，在这样无计划的消费之下，人只会越来越挥霍无度。

波洛涅斯所言，与一句俗语“朋友做到死，金钱别提起”有着相同的含义。中世纪以来，西方社会对于金钱借贷的态度相当“暧昧”。教会禁止教徒从事借贷，更不能以金钱孳息的方式赚钱，但碍于商业发展需要金钱周转，于是犹太人便开始从事这类基督教徒所不做的借贷生意。

《威尼斯商人》中的犹太人夏洛克便从事这种借贷生意，他是整出戏里的麻烦人物，他的角色呈现出典型的锱铢必较、狡猾算计的负面的商人形象。

资本主义下的世界，金钱的交易与借贷支撑了整个商业体系运作的必要之恶。如何量入为出，有效地使用金钱，而不被金钱所绑架，才是人类最重要的经济课题。

是人类犹如无底洞的欲望，让我们成了金钱的奴隶。

# 061

**用来钓鱼的虫，可能吃了国王的尸体，而钓鱼的人，或许吃下了那只吃了虫的鱼。**

**A man may fish with the worm that hath eat of a king, and eat of the fish that hath fed of that worm.**

克劳狄斯询问哈姆雷特有关波洛涅斯的下落，哈姆雷特并未正面答复，反而用谜语般的话语回应他。以钓鱼人、虫子、国王和鱼等意象彼此串联，说明风水轮流转，死神面前，人人平等。

《哈姆雷特》（*Hamlet*）第四幕第三景 Act VI, Scene III

## 风水轮流转，苦乐无绝对。

虫子可能吃了国王的尸体，再被钓鱼人拿来当鱼饵；鱼吃了虫子而被钓上岸之后，就进了钓鱼人的五脏庙。

换言之，在食物链的循环之下，钓鱼人间接吃了国王。哈姆雷特借用食物链的关系，目的之一是要让克劳狄斯明白，在死神面前，国王与众人皆平等；其次，则是在比喻之中暗藏威胁，对克劳狄斯提出警告，也许在不久后，他也将成为虫子的食物。

克劳狄斯杀害哈姆雷特的父亲、登上王位，并娶了哈姆雷特的母亲。坏事做尽的克劳狄斯纵使掌握着丹麦国政，拥有至高权力，但终究也只是食物链中的一环。

当时，有许多中下阶级的平民百姓到剧院去看戏，剧院不仅带给他们娱乐，也传达了许多政治社会现象。例如，国王成为虫子食物的意象，对于成天为生活奔波劳累的平民观众而言，不失为一种平等的慰藉。

哈姆雷特的话语点出，除去社会阶级的标签，在死亡面前人人平等，这般观念所带来的安抚，暂时消弭了当时人们跨不过的阶级藩篱，以及辛苦生活的负能量。

虫子吃尸体、接着被鱼吃掉，鱼再成为人类的食物，生态循环生生不息，人类再强大骄傲，也不过只是生态系统中的一员，并非万物的主宰。

▌不管活得高尚还是卑微，死后一样尘归尘，土归土。

# 062

## 时间的步伐，
## 人人感受不同。

**Time travels in diverse paces with diverse persons.**

扮成男子的罗瑟琳在亚登森林遇到奥兰多，两人之间展开了一段饶富趣味的对话。

《皆大欢喜》（*As You Like It*）第三幕第二景 Act III, Scene II

## 时间具有相对性，非绝对性，却因生存价值而有意义。

罗瑟琳扮成男子的样貌，料想心上人奥兰多必定认不出她，于是决定跟他俏皮拌嘴一番。

罗瑟琳向奥兰多问道：“时钟走到哪里了？”奥兰多一头雾水地回复：“你是要问现在几点了吧？森林里没有时钟这种东西。”

罗瑟琳打趣地说：“这森林里没有真正为情所苦的人，因为思念爱人的哀叹声就像时钟一般漫步度过，哀叹出时间的慵懒步调。”奥兰多则回复罗瑟琳：“时间的步伐应该是快速向前的。”罗瑟琳富有哲理地回答说：“每个人因身份和处境各异，对于时间急缓的感受自然不同。”

时间进行的速度，和我们的心境息息相关。忙碌的时候，时间好像十倍速、百倍速地在移动，一天二十四小时一闪而过；欢乐的时光也过得特别快，总觉得放假的日子过得比平常上班、上课的日子要快上许多。

然而，有时候时间却又过得很漫长，例如等车的时候、在牙科诊疗台上的时候，或是等待重要消息的时候。人在年轻求学时，觉得时间漫长无比，总有写不完的考卷，有上不完的课，期盼长大之后可以过着享有高度自主的日子；成年之后，职场和家庭两头跑，日子一天天过得飞快，而人也在岁月流转之间慢慢老去。

希腊哲人赫拉克利特说：“无人可以两次踏入同一条河流。”时间的流动引领着万物变化，每个时刻都是独一无二的，瞬息皆有不同，对于变化的体会，每个人则因心境与年纪不同而有不同的感受。

**时间的流逝是种感受，而变化是唯一可以确定的事，无常才是平常。**

# 063

**如果一整年都是假期，**
**那每日游玩就会像工作一样乏味；**
**但是，当偶尔才有假期，**
**人们就会引颈期盼假期的到来。**

If all the year were playing holidays,
to sport would be as tedious as to work.
But when they seldom come,
they wished for come.

亨利王子佯装成整日游手好闲的贵族子弟。他认为人们不懂得看重与珍惜平常习惯的事物，因此，他现在假装的无能反而能在日后凸显出他的才能，令百姓印象深刻。

《亨利四世》（*Henry IV, Part I*）第一幕第二景 Act I, Scene II

## 物以稀为贵，多余的付出或许还会被嫌碍事呢。

亨利王子深刻了解人性的黑暗面，明白人们容易厌恶或不珍惜平常习惯的事物与生活方式。于是，他把自己塑造为一个无所事事、成天虚晃度日的王储，等到时机成熟，他才展露出领导统御的能力，这样反而能让民众惊艳不已。

亨利拿“假期”来比喻生活中的美好事物，美好之事倘若随手可得、一成不变，久了之后，便如同英文谚语所形容的那样，“亲近生侮慢”（Familiarity breeds contempt），熟悉的积累，有时反而会生成一种轻蔑的心态。

换言之，偶尔出现的惊喜，才能称之为“惊喜”，每天都有的惊喜，就有可能成为边际效益递减的疲劳轰炸。

就工作场所来说，喜欢出风头的人光芒特别亮，容易让人期待过高，失望自然也高；平常看起来默默无闻的人，等待机会展露锋芒，有时反倒能突破别人的刻板印象，让人刮目相看。

就亲密关系而言，两人终日黏在一起，没有个人空间，久了就容易腻，所以“小别胜新婚”的说法不无道理。不论在感情上，还是工作上，给予与获得之间若能取得平衡，关系才能更为长久。

将来自另一双手的给予视为礼物，将每一天都视为美好旅程的开端。

## 第4篇

# 人际关系
## 是没有彩排的演出

现实世界虽有丑陋的冲突，但能够映照真心的好友，就是一扇送我们回归纯真美好的“任意门”。

# 064

**最甜口的蜂蜜，
尝起来也最腻人，
是甜腻的味道坏了胃口。
所以，爱要适可。**

**The sweetest honey is loathsome
in its own deliciousness,
and in the taste confounds the appetite.
Therefore, love moderately.**

劳伦斯教士提醒罗密欧，浓烈的爱未必能长久，只有最为适可的分量的爱意才不会造成彼此心上的负担。

《罗密欧与朱丽叶》（*Romeo and Juliet*）第二幕第六景 Act II, Scene VI

## 我们可以相互依偎，也可以独立生长。

在教堂里，罗密欧与劳伦斯教士正一同等着朱丽叶的到来。罗密欧很焦急，希望朱丽叶能快点出现，让教士帮他们完成证婚，这样他便能与朱丽叶永远相守了。罗密欧一心只想跟朱丽叶在一起，至于后果和代价他全不在意。劳伦斯教士提醒他，爱得过于浓烈，往往会有反效果，甚至会以悲剧收场。

劳伦斯教士的话告诉我们，在一段关系里，给得太多、给得太快，都可能让对方窒息，甚至让对方心生厌烦。而且，对付出较多的那一方来说，若得不到相对应的反馈，也会怀抱着“我对你这么好，你怎么可以这样对我”的心情，而逐渐对爱人产生埋怨，甚至怨恨，在如此的情况下，双方要成为一对怨偶想必也是必然的了。

转个角度来思考，劳伦斯教士的话也适用于一般的人际关系。当一个好人、不伤害别人当然是对的，但是，当个凡事都无法说“不”的老好人，面对种种不合理的要求全都逆来顺受，这样的待人方式便不妥当了，时间一久，不要怪别人不把你当一回事，因为你根本也没有把自己当一回事啊！

适当的距离可以创造美感，也同时可以给予彼此进退的空间。在未询问过对方、未进一步了解对方喜欢的互动方式，便一味地用自己的方式对他人示好的行为，只会造成对方的困扰。

▌给彼此呼吸的空间，可以让关系更加透气。

# 065

## 驴子生来就是为了载负重物，而你也是。

## Asses are made to bear, and so are you.

悍妇凯瑟丽娜与打算追求她的彼特鲁乔首次见面时的对话，充满一较高下的张力。

《驯悍记》（*The Taming of the Shrew*）第二幕第一景 Act II, Scene I

## 若能将言语的频率拿捏得当，小小的冲击也有好效果。

彼特鲁乔与悍妇凯瑟丽娜一见面，他便用一连串的词汇称赞起凯瑟丽娜的贞洁、德性与美貌。凯瑟丽娜一听完这般美言，便知道这家伙有备而来。于是，两人一来一往地展开了唇枪舌剑。

彼特鲁乔说，他因为凯瑟丽娜的种种美好而“感动”（moved）不已，决定追求她，并娶她为妻。凯瑟丽娜回应彼特鲁乔，反讽他原来是个“可移动的”（movable）拼接板凳（joint-stool）；彼特鲁乔被说成是个板凳并没有恼怒，反而拍拍大腿邀请凯瑟丽娜坐到他的腿上；凯瑟丽娜一气之下，反讥彼特鲁乔像驴子一样，生来就是注定要当驼兽、承载重物用的。

彼特鲁乔与悍妇凯瑟丽娜首次见面时，决定用耍嘴皮子的方式和凯瑟丽娜“破冰”。彼特鲁乔耍嘴皮子的技巧在于抓住凯瑟丽娜讽刺他的话，故作认真或衍生其字义，将她的话引导朝向自己有利的方向。

凯瑟丽娜用驴子负重（bear）来讽刺彼特鲁乔，没想到彼特鲁乔便抓住“bear”的另一个文字意义“生育”来回嘴：“女人生来注定要生育小孩，你也是。（Women are made to bear, and so are you.）”

彼特鲁乔在言语之间耍嘴皮子，却只是点到为止，不撕破脸。于是，两者你戳我、我推你，一来一往互不相让，感情就此萌芽。

当然，不是所有的相遇，都能像他们这般在唇枪舌剑中借此认识彼此。耍嘴皮子过了头，就成了白目，要幽默却又不伤人，戳到点但又能让对方有台阶下，才是你来我往的对话关键。

**▍在尊重对方的前提下，不管说了些什么，都是打动人心的好话。**

# 066

## 我的舌头说出心里的愤怒，
## 不然，我的心会含着愤怒而碎掉。

**My tongue will tell the anger of my heart,
or else my heart concealing it will break.**

凯瑟丽娜与已成为她丈夫的彼特鲁乔间的对话，点出婚姻关系之中的磨合及情绪。

《驯悍记》（*The Taming of the Shrew*）第四幕第三景 Act IV, Scene III

## 藏不住话时，最考验彼此的关系。

彼特鲁乔与凯瑟丽娜（简称的小名为“凯特”）结婚后，回到彼特鲁乔在乡间的家。已经连续几天，彼特鲁乔对家里的仆人挑剔东挑剔西，连带着让凯特吃不饱也睡不好。

几天后，彼特鲁乔带裁缝师回来要帮凯特裁剪一套回娘家的服饰，却又挑剔起裁缝师的手艺与设计，并告诉凯特，她若要像淑女一般就要穿淑女的衣服。凯特立马跳了起来，义正词严地说，她就喜欢随性地表达言论，彼特鲁乔如果不喜欢听，请他拔掉耳朵，但最终她还是穿了这套淑女穿的衣服与帽子。

凯特是个一根肠子通到底的直率女子，她的任何情绪想藏都藏不住，想到什么就说什么。彼特鲁乔以深爱凯特为名，却间接地让凯特受苦、挨饿、睡不饱；然而，凯特直率的个性与粗鲁的言行却渐渐被彼特鲁乔“因为爱你，所以为你好”的这种行为给慢慢地磨平了。

人与人之间的相处，各有磨合的过程与方法，要试着找到适合双方相处的方式，一步一步调整彼此的脚步，才能舞出一支欢乐和谐的协奏曲。

虽然，在磨合之际，我们有时还是可能因默契不足而踩到彼此的“地雷”，但是，记得在处理完彼此的情绪后，给对方一个拥抱，不要放弃持续练习沟通，才能造就一段美好的关系。

> 沟通的秘诀，在于真切而用心地体察对方的需求，而不是被话语中的情绪所牵绊住。

# 067

**我们一同成长，
就像两颗连枝的樱桃，
看似分开，却又相连。**

**So we grew together,
like to a double cherry, seeming parted,
but yet an union in partition.**

面对拉山德突如其来的示爱，羞怒的海丽娜对赫米娅和拉山德两人所说的话。

《仲夏夜之梦》（*A Midsummer Night's Dream*）第三幕第二景 Act III, Scene II

## 我们可以活得像是独立的个体，但却心灵相契。

原本深爱着赫米娅的拉山德，因为森林中的精灵捣蛋，在魔咒的影响下，转而向海丽娜示爱。

痴心爱着狄米特律斯的海丽娜，一时不知所措，认为是拉山德和赫米娅两人故意联手捉弄她。因此，海丽娜真情流露，对她的昔日好友赫米娅说出这一段话，望赫米娅顾及旧日情谊，放过她。

此处以两颗根枝相连的樱桃，比喻两人姐妹情深，本就是同根生的情谊。这样的比喻其实颇有其他的寓意。

樱桃因为颜色鲜艳、味道鲜甜，而常被用来比喻发育成熟的年轻女性。两颗根枝相连的樱桃，更常被用来形容两片依偎的嘴唇，诉说着一种不言而喻的激情和欲望。但是，只要稍微不注意，脆弱的樱桃就会迸出鲜红的汁液，犹如处女落红的鲜血。因此，海丽娜同时也暗讽两人昔日的单纯友谊，已不复存在。

想想，我们与儿时好友之间那一份简单而纯真的情谊，长大后是否变质了呢?

成人的世界或许复杂，但每个大人都不会忘记儿时的天真与浪漫。现实世界中虽然有丑陋的冲突，但也有纯真美好的一面，你想和好友建立起如何的关系，取决于你付出多少诚挚的友谊。

> 现实世界虽有丑陋的冲突，但能够映照真心的好友，就是一扇送我们回归纯真美好的任意门。

## 068

**表面上看起来像纯洁无瑕的花朵，
底下却暗藏着毒蛇。**

**Look like th' innocent flower,
but be the serpent under't.**

麦克白夫人与麦克白商讨如何夺取王位时的对话，花朵和毒蛇都是人类心性呈现的多角面相之一。

《麦克白》（*Macbeth*）第一幕第五景 Act I, Scene V

## 所有的表面美好，都可能是口蜜腹剑的漂亮包装。

麦克白夫人读完麦克白的信，得知女巫的预言。仆人前来禀报邓肯国王即将前来城堡，而麦克白也在回家的路上。

麦克白回家后急忙与太太商量，讨论如何趁邓肯王待在城堡时夺取他的王位。麦克白夫人摒弃女性柔弱的天性，积极地劝说丈夫用计谋和血腥手段夺取王位，并跟丈夫保证邓肯王隔天绝对无法离开城堡。

麦克白因夺取王位的计谋而焦躁不安，整个人的情绪显露于外；于是，麦克白夫人提醒丈夫要隐藏自己真正的意图，摆出欢迎国王的姿态，这样人们才能相信他们伪装的善意。

麦克白夫人贪婪狠毒却又深受良心不安的折磨，是莎剧中相当复杂的角色，剧场演员诠释起来也有极高的难度。

人际交往之间，往往具有坏人样貌的人，其内心的质地却和外表相反；然而，频频有小动作的人，常可能是看来最无害的那一员。

吊诡的是，就是因为看起来无害，才能让人卸下心防，被引诱走入陷阱。所以，如果你刚进入一个新环境，还摸不清其中的结构和规则，有时得要适时地装傻，当一朵纯洁的小花，静坐壁上观。

“纯洁的小花”与“毒蛇”不是绝对的对比，只是人性众多面貌之一二，要视场合的区别来以不同面貌应对，维持好彼此间的关系又不伤和气，才是社交关系的重点。

**凡事为善，但堆起笑脸伸手言和之际，也莫忘了另一只藏在背后的手。**

# 069

## 虚伪面容隐瞒歹毒心思，
## 以假戏真做。

False face must hide
what the false heart doth know.

麦克白夫人告知丈夫她的计划，谋杀邓肯王，再嫁祸给邓肯王的侍寝守卫。麦克白听完妻子的计划后，同意执行此计划。

《麦克白》（*Macbeth*）第一幕第七景 Act I, Scene VII

## 假面人的肚子里满是坏水，无法让人看透他的心思。

麦克白夫人责难麦克白，因为他对于谋杀邓肯王的计划犹豫不决。随后，她将杀人嫁祸的缜密计划告诉麦克白，并向麦克白再三保证，这个计划绝对会成功。妻子的不断怂恿与果决的行动力让麦克白下定决心，两人着手执行夺取王位的计谋。

麦克白虽有夺取王位的野心，但他思虑甚多，无法做出最后决定，全靠麦克白夫人适时地推他一把；而她也担任起军师来，出计谋杀邓肯王，来为丈夫夺取王位。由此看来，麦克白夫人虽然是一个用心险恶的女人，但她也是个能辅佐丈夫的妻子，让丈夫的野心发挥到最大限度。

在现代来看，如果麦克白夫人担任公司里的主管要职，她会是个深谙激励部属及员工之法的老江湖，也能在尔虞我诈的工作环境中戴着必要的假面具，与人保有良好的互动，达到自己的目的。

《麦克白》里麦克白夫人的虚伪假面下，隐藏的是夺取王位的计划，这般野心被难以满足的欲望所驱使。

在生活中，我们虽不常遇到心存歹念的大坏蛋，身边却难免会出现为维护自身利益，而做出小奸小恶的假面人。在这种时候，我们不如先观察对方的目的，确认与他有无利益上的冲突，然后保持中立，与其互动之间也保有安全距离，只要你不犯他，对方自然也没必要主动伤害你。

> 与假面人交手时，倘若当真，你就认输了。若真的还可以假装，那才是一出好戏。

# 070

**我们身处之处，**
**人们笑里藏刀。**
**血缘越近，**
**越是血腥。**

**Where we are,**
**there's daggers in men's smiles.**
**The near in blood,**
**the nearer bloody.**

邓肯国王死在寝室里，当他的儿子们赶到时，一看便知道他们也同时身陷在险境之中。

《麦克白》（*Macbeth*）第二幕第三景 Act II, Scene III

## 回应他人的笑容，但也要有适度的防备。

邓肯国王被发现死于寝室之内，他的儿子们和苏格兰贵族班柯，以及领主麦克德夫，全都来到了凶案现场。按照现场凌乱的血迹和匕首的位置看来，邓肯王的管家有重大嫌疑。麦克白假装盛怒，一剑便将管家就地处决。

在一旁观看的麦克德夫有点怀疑麦克白的作为；而邓肯王的儿子们则为自身的安危担忧着，道纳本说的这番话，就表达出了他对自己深陷危险的担忧和恐惧。这时，麦克白夫人则假装无法承受而昏倒。

邓肯王死后，两位王位继承人立即陷入了危险。邓肯的小儿子道纳本心中深知，身边的人多是“笑里藏刀”，用友善的表象，包庇其邪恶之心，随时都有加害他们的可能。道纳本也提醒哥哥马尔康，越是亲近他们的人，越可能不安好心。

此句中的“刀”在英文里是“dagger”（匕首）一词，属于近身搏击用的短刀类，刀柄较短以便于藏匿，使用时机大多是趁人无防备之际来偷袭对方。

我们可以知人善任、信任别人，但却不能完全对他人没有防备。在人际关系中，太近的距离没有磨合的空间，摩擦的产生不仅容易，相对也给了对方突袭自己的机会。保有君子之交的安全距离，才是最舒心的相处。

▌口里吐不出珍珠没关系，至少不要语出伤人。

# 071

**应当有感而发，**
**而非言所当言。**

**Speak what we feel,**
**not what we ought to say.**

剧终，爱德伽于李尔王死后，悲泣感叹李尔王先前为明哲保身而做的伪装。

《李尔王》（*King Lear*）第五幕第三景 Act V, Scene III

## 你说出的真心话，即是灵魂的出口。

爱德伽见李尔王一路走来遭遇了太多不幸的事情，甚至为了保住性命以查明真相，还得装疯卖傻。

其间，李尔王的言行随着情势的转换，也不得不有所改变，他因此而无法畅所欲言，许多从他口中说出的话，也只是为了顺应时势，甚至是为了达到某些目的。在他身边的臣子也是如此，唯有说着切合自己身份、地位的话，才能够明哲保身。

现实生活中，我们也经常会有选择说“应该说的话”，而不是“真心话”的时候。职场上，为了得到上司的青睐，或为了不破坏与同事之间的情谊，我们或许总在勉强自己，说出大家所期待听见的言语。你或许以为，只要说出应该说的话，就不会违背了你所扮演的角色，事情便能圆满顺利，但，真是如此吗？

如果“真心话”注定要被掩埋，那么，我们除了扮演别人期待的角色之外，真正的本质还存在吗？

直到李尔王死后，爱德伽才恍然大悟，唯有说出心里的话，我们的灵魂才能真正找到出口。

适时地说出你内心中的话吧，该说的话固然有其必要，但也别过度压抑自己，使自己被束缚在他人对你的期待里。在不伤害别人的前提下，适时说出自己心中真正的感受和想法，别人才能有了解你的机会，并感受到你的温度。毕竟，没有温度的场面话是打动不了任何人的。

**别再伪装了，适时说出心中的话吧！倘若你说的并非真心话，倒不如保持沉默。**

# 072

## 亲有余，
## 但情不足。

## A little more than kin,
## and less than kind.

克劳狄斯成功篡夺哥哥的王位，见丧父的哈姆雷特相当哀愁，便出言安慰，而哈姆雷特向他说出这种意有所指的话语。

《哈姆雷特》（*Hamlet*）第一幕第二景 Act I, Scene II

## 每一种不经营的关系，到最后都会形同陌路人。

毒死国王的克劳狄斯急着迎娶国王的遗孀，见哈姆雷特一脸愁容，便惺惺作态地好言劝说。他的佛口暗藏着蛇心，用“亲人”和“孩子”来称呼哈姆雷特，企图和他拉近关系，然而，心如明镜的哈姆雷特却一语道破两人的关系。

哈姆雷特认为两人虽为血亲，却毫无感情基础，这一番话有十足的讽刺意味。哈姆雷特虽然承认两人的叔侄关系是血脉相连，另一方面，却又讽刺他叔父已经成为他的继父，两人不再只是亲戚（more than kin）。

语未毕，哈姆雷特又以两人没有直接的血缘关系（less than kind），提醒克劳狄斯继父并非生父的事实；此外，第二句话的“kind”一字分别有“种类”和“善良”之意，不仅暗讽克劳狄斯和他母亲的婚姻不伦不类，同时也指责克劳狄斯毫无怜悯之情，也没有理解他的同理心。

虽然这一句话的原意是指“有血缘关系的亲戚，也可能是对你心怀不轨的仇人”，但也可以广泛地用来说明人心的险恶。

再亲近的人，都有可能为了一己之私，违背人伦，变得凶恶残暴，更何况其他人呢。如果人与人之间没有情感互信的基础，纵然是血亲，也会做出比陌生人更丧尽天良的事。不论是任何关系的建立，唯有长期的信任累积，才是最稳固的亲密联系。

如果缺乏情感互信的基础，再亲密的人，都只是熟悉的陌生人。

# 073

聆听他人的意见，
保留自己的判断。

Give every man thy ear,
but few thy voice.

儿子雷欧提斯准备归返法国，临行前，父亲波洛涅斯对他的一番嘱咐。

《哈姆雷特》（*Hamlet*）第一幕第三景 Act I, Scene III

## 自己要有判断力，勿被这个世界的声音左右。

参加完新国王克劳狄斯的加冕大典之后，雷欧提斯一心想归返法国。出发之前，他的父亲波洛涅斯，同时也是克劳狄斯的御前大臣，细心嘱咐儿子到了法国之后，凡事必须多加小心。

波洛涅斯的这一席话，道出了为人父母对出门在外的子女，所表示的担忧和爱护之情。

波洛涅斯告诫儿子切勿过度直白，平时应多聆听他人的意见，但千万别轻易地透露出内心的想法，以免祸从口出。这句话也提醒我们要广纳他人的意见，借此增加自身见识，但也别一味地被别人的想法牵着鼻子走。

在听取别人的意见之后，自己应该加以思考再针对事情做出评判；有了自己的判断之后，也不要轻易地展露出来，以免招来是非，惹上不必要的麻烦。

每个人都该建立起对于人事物的判断能力。虽然聆听他人的意见，有时能够使我们得到不同的审视角度，但别人的建议毕竟是以他自己的视角所提出，不一定适用我们自身的情况。广纳建议固然很好，但也要有自己的主见。

别人的话需要多多听取，但更要做好自己人生的主人。

# 074

简洁是智慧的灵魂。

Brevity is the soul of wit.

波洛涅斯向国王克劳狄斯汇报哈姆雷特的近况时，所说的其中一句话。

《哈姆雷特》（*Hamlet*）第二幕第二景 Act II, Scene II

## 多说的话，都只是人生的浪费。

大臣波洛涅斯奉新国王之命，前去监视哈姆雷特的一举一动。回宫后，他禀告国王和皇后，哈姆雷特已经发疯，甚至还胡言乱语地说出了一大串毫无重点的话。讽刺的是，波洛涅斯在跳针似的发言中，还不时地提醒他人“我会简短地说”。

明知说话时应当言简意赅，却又拖泥带水，话说了老半天，还是让人摸不着头绪，直到最后一刻，对方才恍然惊觉他所指为何。因此，出自波洛涅斯口中的“简洁是智慧的灵魂”，不仅挖苦了那些不懂得何为简明扼要的人，这句话更成了当代许多作家和文字工作者的箴言，提醒自己说话或写作时要说出重点，别废话连篇。

说话没重点，似乎是许多人的通病。我们总抓不到重点的原因，可能是对事情的理解不够透彻，搞不清楚来龙去脉，也可能是表达能力的不足。

在这样的前提下，若想要对症下药的话，困难度过高，还是要直接从关键处入手改正，先搞清楚自己开口说话的目的为何，再以简短扼要的话语来表达自己的意见和想法。若想达到有效的沟通，从此废话就别多说了吧！

> 决定说出口的语言，必须要经过智慧的消化，不浪费唇舌，也不浪费他人的时间。

# 075

## 不是每个人都可以当主人，
## 也不是所有的主人都值得被追随。

We cannot all be masters,
nor all masters cannot be truly followed.

在威尼斯城的街上，伊阿古愤愤不平，向罗德利哥抱怨他和长官奥赛罗的关系，得失之间影响了工作上的心情。

《奥赛罗》（*Othello*）第一幕第一景 Act I, Scene I

# 不是做到过劳死，才算是“忠诚”。

罗德利哥拜托伊阿古帮他追求苔丝狄蒙娜，没想到她最后却嫁给了奥赛罗。伊阿古表示，他虽为奥赛罗的手下，但是他与罗德利哥站在同一阵线上，也讨厌奥赛罗。

伊阿古讨厌奥赛罗的原因，是他认为自己应该能得到升迁的机会，而奥赛罗却将毫无经验的凯西奥擢升为中尉。于是乎，伊阿古开始在表面上看起来是效忠奥赛罗，事实上，他利用替奥赛罗工作来为自己谋取利益。

伊阿古的这席话，真切地描述了很多办公室里的“生存环境”。

通常，最理想的工作场域，是每个人都有自己的位置，有人负责领导与管理、有人负责创意发想、有人负责解决问题与执行，而有人负责联系和杂务处理，各人发挥特长、各司其职；但实际的状况却往往是职称不符其专长，而负责领导的管理人担不起责任，抢功劳却总跑第一，下属若有这样的主管，怎么能提得起努力工作的动力呢?

伊阿古的话也告诉我们，聪明的员工会擦亮自己的眼睛、适当地了解自己的主管，衡量自己对这份工作的期望，并斟酌付出的比例，要对公司掏心掏肺不是不行，但忙到毫无生活质量就太过了。

工作能为我们带来收入与成就感，是我们人生不可或缺的重要部分；但工作本身并非生命的目的，仔细衡量工作上的付出，才是聪明的工作态度，更是打造美好人生比重的要点。

**不论工作还是感情，都要把力气用在对的地方。**

## 076

**我会将心儿放于袖口，**
**让鸟儿来啄，**
**我并非是我自己。**

**I will wear my heart upon my sleeve**
**for daws to peck at.**
**I am not what I am.**

在威尼斯城的街上，伊阿古向罗德利哥透露，自己并非真心要追随奥赛罗，只是假装出一片真诚罢了。

《奥赛罗》（*Othello*）第一幕第一景 Act I, Scene I

## 感情外露，容易受伤；超然看待一切的人，内心才最强大。

伊阿古向罗德利哥表示，自己在奥赛罗手下工作，表面上装成忠心耿直的好部属，事实上，他展现在外的假面，都只是为了谋求个人利益的方便。如同节录的句子所言，他不是他自己，因为他必须隐藏自己对奥赛罗的厌恶，言行举止之中不能表现出他真正的态度。

伊阿古隐藏自己的真正企图，在于他若是“将心放于袖口”（wear my heart upon my sleeve.），他的计谋就不会成功，还可能因此遭受惩罚。这句英文也可延伸形容为“直接、坦率地表达情感”。

要向心仪的人表达心意，这需要多大的勇气啊，你必须有勇气面对可能被拒绝的尴尬，也要承担受伤的风险。但从另一个角度来看，这么做也不失为练习诚实面对自我的正面机会，接受自己有爱一个人的能力，也能够承受被拒绝后的难过。

说到《奥赛罗》中的头号恶人，莫过于伊阿古了，他是导致这场最终悲剧的推手。但是，可恶之人必有可怜之处，他本身也是个悲剧人物，他忌妒、厌恶奥赛罗所达到的成就，因此隐藏本性，假装成另一个自己，只为了能扳倒对方。

他盲目行事，所追求的并非个人的成功，而是他人的失败。别人所失去的是他想要拥有的，但若自己忘了自己究竟是谁，就算得到了全世界又如何？

▌练习接受自己，真实表达想法，肯定自己的独特性。

# 077

## 盛怒中的人，
## 往往会伤害真心帮助他的人。

As men in rage
strike those that wish them best.

奥赛罗询问凯西奥误伤蒙太诺的原因，伊阿古如此说明人暴怒后的反应。

《奥赛罗》（*Othello*）第二幕第三景 Act II, Scene III

## 暴怒时说不出好话，整理好情绪再出发。

凯西奥得到伊阿古盼望已久的职务，伊阿古因而怀恨在心，设局陷害他。奥赛罗看到凯西奥饮酒误事、与人吵架，误伤前来劝架的蒙太诺，他要求伊阿古重述事情发生的过程，而伊阿古则虚假地为凯西奥辩驳他误伤蒙太诺的缘由。

伊阿古假装替凯西奥误伤同伴找理由，他的话的确矫情，却也不失其真实性。按照伊阿古所言，几杯黄汤下肚，加上被挑起的情绪，像凯西奥这样平常温文有礼的人，也能瞬间变得狂暴、无法理喻。

盛怒之下的人会做出何种举动，我们无法从他日常的行径去度量猜测。一个人在暴怒的情况下，往往容易做出令自己后悔不已的事。

与人相处的过程中，我们难免会遇到被负面情绪“绑架”的人。当我们和被情绪“绑架”的人相处之时，若要试图跟他们讲理，只会让对方的情绪更加暴躁，甚至还会使自己被“台风尾”扫到。

我们无法为对方的情绪负责，所以当面对正在气头上的人时，不如先退一步，耐心等待对方消化情绪，再好好沟通。

▌当情绪袭来，不妨试着感受情绪的由来为何，找出内心的恐惧与无助。

# 078

**喔，我的主子，小心忌妒呀！
这绿眼怪惯于耍弄受害者，
将其吞噬下肚。**

**O, beware, my lord, of jealousy!
It is the green-eyed monster,
which doth mock the meat it feeds on.**

伊阿古意图挑起奥赛罗的怀疑与忌妒，错误解释奥赛罗的妻子与凯西奥的关系。

《奥赛罗》（*Othello*）第三幕第三景 Act III, Scene III

## 忌妒使人眼盲，心也盲。

当奥赛罗在追求苔丝狄蒙娜时，凯西奥是两人之间的信差。现在，凯西奥因误伤蒙太诺一事而被奥赛罗降阶处罚，苔丝狄蒙娜念在两人之前的交情，决意替凯西奥向奥赛罗求情。

奥赛罗眼见妻子为其他男人求情，心中深感郁闷。待苔丝狄蒙娜离去后，在奥赛罗身旁的伊阿古心有恶意，于是用模糊不清的言语来暗指苔丝狄蒙娜与凯西奥有暧昧之情。伊阿古的煽动加上他的自卑心，奥赛罗开始怀疑起妻子的忠诚来。

《奥赛罗》一剧中，伊阿古虽为头号恶人，却也是最具观察力的角色。他善于捕捉旁人性格上的缺陷，并且针对其心理上的在意之处加以煽动，以达到他想要的目的。表面上，伊阿古的话意在提醒奥赛罗忌妒的危险，实际上的用意，却是要煽动奥赛罗的忌妒之心。

以中古时代的教会教义来说，人类七大原罪之一就是“忌妒”。在两人的恋爱关系里，忌妒会让人怀疑对方是否忠诚于自己，这样的负面情绪常使人做出错误判断，甚至是疯狂的举动。

在莎士比亚的文字中，他将“忌妒”形容为“绿眼怪物”（the green-eyed monster），这种用法一直沿用到今日。有趣的是，中文里则是用“眼红”来形容忌妒他人的情绪。同为忌妒的情绪，西方的“绿眼”与东方的“红眼”，实在是很不一样又很有意思的对照。

不论是红眼还是绿眼，忌妒的情绪都会让人盲目，会让自己内心的小剧场凌驾于事实的判断之上，所以要记得伊阿古的话：“喔，小心忌妒呀！”

**忌妒会让自我的存在被怪物吞噬下肚，成为自作孽的牺牲者。**

# 079

**亲爱的主人，**
**对男人与女人都一样，**
**好名声是灵魂里最真切的珍宝。**

Good name in man and woman,
dear my lord,
Is the immediate jewel of their souls.

不安好心的伊阿古向奥赛罗表达自己对名节、声誉的看法，语带讽刺之意。

《奥赛罗》（*Othello*）第三幕第三景 Act III, Scene III

## 留名声给人探听，能帮助未来的自己。

奥赛罗听完妻子苔丝狄蒙娜替凯西奥求情之后，内心翻腾不已。此时，伊阿古于一旁欲言又止，似乎对于苔丝狄蒙娜与凯西奥的关系有另一番见解，心情已经很混乱的奥赛罗却又忍不住想了解伊阿古的看法，假惺惺的伊阿古便趁机挑拨两人的关系。

在莎士比亚身处的时代，人们很重视他人对自己人格与性情的道德评价，所以往往“名声”（reputation）甚至比性命还重要。

名声的重要性，也受到社会背景的影响，当时人们与他们所身处的社群组织，往往有着紧密的关系，例如家族间、邻居间、同个社会阶层之间的交流。因此，若一个人名声低落、被同社群的人鄙视，那他甚至无法在当地立足，也会成为社群的边缘人。

而在现今社会里，家族、邻居与社群间的联结疏离，一个人的名声好坏虽然仍有其分量，但影响力有限。另一方面，真实世界的名声重要性也许降低了，网络名声却大大被看重。对每个人在社交网络上的身份的认同度，受到实时的浏览人数与点赞和评论数的影响，而网络购物的评价，也深刻影响着卖家的商誉。

在莎士比亚的时代，人的声誉被视为有如其灵魂本质的珍宝；而在现代社会里，微博点赞数、朋友圈浏览人次，以及网络买卖的正负评比，竟成了现代人看重的名声来源之一。网络世界终究与现实不同，是真是假尚不能分辨，但无论虚假或真实，品德的维系仍要留给亲近或熟悉的人来评价，未来的路途才会比较平稳。

**虚拟的名声，容易暴涨暴跌，要以平常心看待。**

# 080

## 他的喜好跟帽子的流行一样，到下个路口就换了。

He wears his faith
but as the fashion of his hat,
it ever changes with the next block.

《无事生非》的开场，贝特丽丝以帽子流行的转变来揶揄培尼狄克的善变性格。

《无事生非》（*Much Ado About Nothing*）第一幕第一景 Act I, Scene I

## 流行可以喜新厌旧，做人则要保有原则。

《无事生非》一开场的角色有贝特丽丝和她的堂姐妹希罗，以及叔父里奥那托，他们正准备迎接即将前来造访的唐·彼德罗及其部属。贝特丽丝特地询问使者培尼狄克是否安康，还有他是否会随着唐·彼德罗一同前来。谈话间，贝特丽丝打趣地消遣培尼狄克，说他是个善变、没定性的人，使者连忙回应，替培尼狄克辩驳，认为他是个值得尊敬、品性良好的人。

当时帽子的流行风潮转变快速，于是贝特丽丝便以这种瞬息万变的时效性来形容培尼狄克的性情，用以消遣他善变的本质；另一方面，她也趁机揶揄培尼狄克交游广阔的海派个性，到什么地方都能轻易与人称兄道弟。贝特丽丝打趣地说："他每个月都能结交到新的好友。"

在此剧中，贝特丽丝和培尼狄克常常一见面就斗嘴，不失为最称职、亮眼的男女配角，而两人的恋情也发展成了一条有趣的故事线。

在莎士比亚身处的年代，衣着流行都是由宫廷内部引领风潮的。当时，戴帽子的风潮并不兴盛，穿戴的场合也不多见。伊丽莎白时代的男性比起女性更常戴帽子作为穿搭的装饰，男女戴帽的场合多是去打猎、乡下区域或户外。

由贝特丽丝关于帽子的比喻我们可以看出，莎士比亚当时的时尚流行改变相当快速，而培尼狄克可能在当时，也是个紧追流行的花美男，对时尚潮流敏感得很呢！

**一味地讨好他人，终将失去自己的风格。**

# 081

## 维持友谊并非难事，
## 只怕遇到爱情。

**Friendship is constant in all other things, save in the office and affairs of love.**

克劳狄奥误信唐·约翰的挑拨离间，以为唐·彼德罗追求希罗是为了一己之私。

《无事生非》（*Much Ado About Nothing*）第二幕第一景 Act II, Scene I

## 爱情是独占的事业，就算是朋友，也是竞争对手。

在面具舞会上，唐·约翰看到哥哥唐·彼德罗与希罗调情，于是他以此误导克劳狄奥，让他以为唐·彼德罗已经反悔，不遵守当初要替克劳狄奥追求希罗的约定。

唐·约翰假装认不出戴上面具的克劳狄奥，并把他当作培尼狄克，向他透漏唐·彼德罗私心追求希罗的计划。克劳狄奥相信了唐·约翰的谎言，认为自己已被好友背叛，因而愤怒地离开了舞会。

当克劳狄奥听闻唐·彼德罗可能为了爱情而打破了对自己的承诺时，他第一个反应不是跟唐·彼德罗对质，而是采信谗言。这似乎告诉我们，维持友谊关系并不困难，除非两人同时爱上同一人。遇到了爱情的竞争，再坚定的友谊也会变质，再诚恳的承诺也可能因而变卦。

爱情的魔力不只能让友谊变质，更可以让国与国之间彼此开战。在古希腊诗人荷马的史诗作品《伊利亚特》（Iliad）中，特洛伊国的王子帕里斯至希腊做客，却拐走了斯巴达国王墨涅拉奥斯的妻子海伦，因而引起了长达九年的特洛伊战争。

所以，爱情的巨大力量不仅足以撼动友情，更能倾国倾城。面对爱情的排他性，友谊也只能退居在爱情之后。

▌在翩翩的君子之争后，若还能握手言和，也许友谊将能更加坚定。

# 082

## 流言蜚语足以抹去对一个人的好感。

## One doth not know how much an ill word may empoison liking.

希罗与仆人欧苏拉的对话。希罗假装为了劝退培尼狄克的爱，打算对他说贝特丽丝的坏话。

《无事生非》（*Much Ado About Nothing*）第三幕第一景 Act III, Scene I

## 恶意的流言，足以毁掉一个人的世界。

希罗打算演一场戏，让贝特丽丝误以为培尼狄克爱她。于是，希罗与仆人欧苏拉在花园里，假装谈论着彼此对于培尼狄克爱上贝特丽丝的看法，而此时此刻正好在花园隐秘处的贝特丽丝，便听到了两人的对话。

希罗用激将法，试图引起贝特丽丝的注意力，让她好奇培尼狄克到底有多么爱她，甚至爱到连好姐妹希罗都要说她的坏话，好让培尼狄克改变心意。道出他人的流言蜚语，为的是让不察的听众信以为真，对当事人留下坏印象。

在网络普及的今天，在网络上散布流言的人可能只是为了一时好玩，但流言借由网络，迅速传递，给对方的名声带来了很大的影响，就算对方事后有心为自己澄清，也未必会被众人采信。

如此无来由地遭受他人的抹黑，又无法为自己辩白时，听者所承受的就是一种单向暴力，也就是“网络霸凌”。

流言或许不是空穴来风，但也可能是恶意中伤，所以你若听到任何流言蜚语时，先停下来思考，不要成为加害他人的第三者，切记人言可畏的道理。

> “流言止于智者”，也许我们做不了智者，但千万不要当个缺乏思考的“传声筒”。

# 083

我真切地认为我们当陌生人比较好。

I do desire we may be better strangers.

奥兰多与杰奎斯两人话不投机的对话，说明不同调的人还是保持距离为好。

《皆大欢喜》（*As You Like It*）第三幕第二景 Act III, Scene II

## 话不投机半句多，不如君子之交淡如水。

生活中，我们难免会碰到话不投机或者明显不对路的人，在莎士比亚的作品里就有这样的两个角色，阴郁又刻薄的哲学家杰奎斯，遇到为爱痴狂、在树干上狂刻罗瑟琳名字的奥兰多。

两人个性一冷一热，毫无交集可言，却又被迫同路而行。话没聊上几句，就开始针锋相对。

分别前，杰奎斯非常直白地说出两人“话不投机半句多”的事实，而奥兰多则认为彼此当作不相识更好，便附和地回答：“我真切地认为我们当陌生人比较好”。

大家在现实生活中肯定也有过类似的经验，遇到有着相同兴趣、共同理念,或谈得来的朋友,的确能替生活增添许多乐趣,但大部分的时候,不论是在求学或工作阶段，我们经常得和不是那么志同道合的人相处。

有时候，为了不得罪别人，我们必须隐藏自己真实的意见；有时候，为了取悦对方，我们甚至不得不勉强自己去做一些事情。久而久之，我们自己的声音不见了，喜好厌恶也随波逐流，于是，“都好”“随便”成了我们挂在嘴上的口头禅。

人生不一定要“四海之内皆朋友”才能吃得开，“话不投机半句多”时，保持适当的距离也很重要，其重点在于衡量轻重。人生短暂宝贵，不如将时间留给聊得来的朋友吧。

**▌把自己和时间，留给最重要而值得珍视的人。**

# 084

**仁慈不是出于勉强，
它像甘霖一般，
从天而降，落于地面。**

**The quality of mercy is not strain'd,
It droppeth as the gentle rain from heaven
upon the place beneath.**

鲍西娅假扮成律师包塞札，在法庭上与犹太商人夏洛克的对峙，说明仁慈的意义。

《威尼斯商人》（*The Merchant of Venice*）第四幕第一景 Act IV, Scene I

## 仁慈发自于内心，没有特定的目的。

巴萨尼奥为了能够穿着体面前去追求鲍西娅，便向好朋友威尼斯商人安东尼奥寻求帮助。安东尼奥一时没有足够的现金能够给巴萨尼奥，于是，他建议巴萨尼奥前去向犹太商人夏洛克借钱，并承诺担任连带保证人。

夏洛克本来就对安东尼奥心有不满，于是，他答应无息借钱给巴萨尼奥，唯一的条件是如果到时候巴萨尼奥无法返还，他有权力取走安东尼奥的一磅肉。

后来，因为传闻安东尼奥的船队全数遭遇海难，他无法偿还欠夏洛克的债务，于是，夏洛克向威尼斯法庭提出安东尼奥必须履行赔偿条件。另一方面，巴萨尼奥成功赢得聪明美丽的鲍西娅的芳心，鲍西娅看着丈夫担忧好友因自己而深陷险境，便用计假扮律师与夏洛克在法庭上斗智。

莎士比亚在《威尼斯商人》一剧中，成功塑造了一个善于经商、汲汲营利、奸诈狡猾的商人形象。像这样的商人，其提供的善意背后都有着特定的目的，因此鲍西娅用天降甘霖来比喻仁慈的本质，以讽刺他的“假仁假义”。

“仁慈”，是发自内心地去帮助他人、谅解他人。因此，仁慈本来就不是为了要得到什么，而先付出什么。以良善、仁慈的心待人，其实是一种选择，而这个选择的前提，应该不具有任何的期待，也不为了什么企图，因为一旦有了期待与目的，所有的良善便有了对价关系，若有一方的期待没有得到满足，便会心生怨言，从而违背了仁善的本质。

**▌没有附带条件、也不期待回报，这样的仁慈才是发自内心的。**

## 085

我的一半是你的，
另一半的我，也是你的；
是我的，也是你的，
换言之，我全部都是你的！
我全部属于你。

One half of me is yours,
the other half yours-
Mine own, I would say;
but if mine, then yours,
and so all yours!

鲍西娅芳心悸动，用直接的语言表达自己对追求者巴萨尼奥的心意。

《威尼斯商人》（*The Merchant of Venice*）第三幕第二景 Act III, Scene II

## 意见相合，还要用对的方式来回应。

父亲留下大笔遗产给鲍西娅，同时，他也留下遗嘱："想娶鲍西娅的男子，必须从三个分别为金、银、锡材质的盒子中，选出其中有鲍西娅画像的盒子。"但是如果选错了，该男子必须终身不娶。前两位求亲者相继挑战失败，接着，巴萨尼奥出现了。

鲍西娅之前和巴萨尼奥曾有过一面之缘，而这次的见面，她发现自己对他产生了莫名的好感，但碍于父亲的遗愿，她无法透露哪个盒子是正解，因此，她希望巴萨尼奥能待久一点，与她多熟悉一些，也能多加思考后再选盒子，只有选对了才能与自己共结连理。

鲍西娅对于前两位求婚者并无动心的感觉，但当她遇到巴萨尼奥，看到他的双眼时，却无来由地芳心悸动了。鲍西娅于是大胆地表达了自己对他的感觉，说她整个人都属于巴萨尼奥。

鲍西娅急切地表达自己的感觉，是因为她被父亲的遗嘱所束缚，无法选择自己的伴侣，所以当她遇到有感觉的对象时，情感自然浓烈又直接。

鲍西娅形容自己似乎被巴萨尼奥的眼神分为两半，这两半分别属于自己和巴萨尼奥，而属于自己的那部分同时也被巴萨尼奥所掳获，莎士比亚以此来形容鲍西娅深陷情网时的热烈的心情。

英文中的"half"一词常用于称呼自己的亲密伴侣，也可以组成名词词组形式来说明，例如"one's other half"或是"one's better half"等。这般的用词方法，反映的是相对、相等的互动。在一段关系里，两方互补，成为彼此的另一半。当我们都是独立的个体时，各自成就自己的圆，然而，当我们在一起时，我们依旧能融合成为另一种圆满。

> 爱情不是单方面等待另一方救赎自己，而是共同成就彼此。

# 第5篇

# 挑战

## 终将让我们变成大人的模样

快乐学习是理想，遇到不喜欢的事物是常态，请试着在探索未知的过程中让自己快乐。

## 086

**名字到底是什么？
我们称作玫瑰的植物，
就算换了其他名字，
闻起来还是一样香甜。**

**What's in a name?
that which we call a rose
by any other name would smell as sweet.**

朱丽叶得知罗密欧是世仇蒙太古家族中的一员时，对于身份的先决设定发出不平之鸣。

《罗密欧与朱丽叶》（*Romeo and Juliet*）第二幕第二景 Act II, Scene II

# 外在的名字无法改变一个人的本质。

朱丽叶在阳台上叹息着罗密欧来自世仇家族，也认为将“蒙太古”和“凯普莱特”两个姓氏套在罗密欧和她的身上，便要他们两人承担这份世仇家恨，这实在太不公平。

家族姓氏跟他们是怎样的人是两回事，不应该成为阻绝他们两人相爱相守的理由。朱丽叶以“玫瑰”为例，如果玫瑰不叫玫瑰，它依旧散发芬芳香气，不改其本质，就如同他们的相爱，不是因为彼此的名字，是因为两颗心的吸引，但却要被彼此的名字阻挡。

在当时，家族的姓氏主导着人们的命运。场景切换至现在的社会，身为消费者的我们，同样会注重品牌的价值胜过商品的功用与质量，即使是款式同样、以相同的材质做成的手提包，一旦挂上知名品牌后，价格就会立刻上扬，相同的例子也能在球鞋、衣服、食物等商品中看到。

品牌，不仅代表该公司的信誉、质量的保证，使消费者能够借由购买此品牌商品，而得到该品牌代表的社会地位与身份，显然在此种情况下，品牌名字已凌驾于商品的物质性与实用性之上。

聪明的消费者应该看透品牌迷思，选择质量好、功能性佳、价格实惠还符合自己需求的物品，而不是让品牌主导自己购物的选择。

品牌迷思，总让人陷入虚幻的身份认同陷阱中。

# 087

## 没有乐趣，学习不易。

## No profit grows where is no pleasure ta'en.

男仆特拉尼奥和他的主人路森修的对话。路森修来到帕度亚的大学进修，男仆随侍在侧。

《驯悍记》（*The Taming of the Shrew*）第一幕第一景 Act I, Scene I

## 要能乐在其中，学习才有成效。

路森修来到帕度亚的大学进修，男仆特拉尼奥一路陪伴。路森修对于即将学习更多的知识而感到兴奋不已，特拉尼奥则提醒主人，学问博大精深，怎么深入都永无止境，重要的是研读自己喜爱的知识，并能从中得到乐趣，这才是最理想的学习方式。

特拉尼奥的话同样提醒我们，学习要能和自己的喜好结合，才能更快地达到学习目标；学习的过程伴随着乐趣，效果会更加显著。

在莎士比亚身处的时代，教育并不普及，只有男孩才能得到学习的机会。早期，教育仍限于贵族家庭中，他们请私塾教导子女。后来，因为书写与通识教育的需求，教育平民的文法学校开始成立，教授拉丁文、英文书写阅读、修辞、逻辑、算术、几何学以及天文学等，莎士比亚本人也曾就读于史特拉福郡的文法学校。据说在当时，体罚是人格教育的一部分，就连最优秀的学生也免不了遭受老师的鞭打。

特拉尼奥的“乐在学习”也许无法反映当时学校教育的真实面貌，但能学习自己喜欢的事物，并且乐在其中，的确是最棒的事情了。

快乐学习是理想，遇到不喜欢的事物是常态，请试着在探索未知的过程中让自己快乐。

# 088

不要惧怕伟大。
有人生来伟大，
有人成就伟大，
而有人是不得已而伟大。

Be not afraid of greatness.
Some are born great,
some achieve greatness,
and some have greatness thrust upon 'em.

管家马伏里奥发现一封未署名的信，阅读完该信后，他误以为信是奥丽维娅写给他的。以上句子撷取自该封信。

《第十二夜》（*Twelfth Night*）第二幕第五景 Act II, Scene V

## 成为伟大有各种方式，先从渺小的踏实开始。

奥丽维娅的管家马伏里奥被设局捉弄，以为奥丽维娅爱上了他。马伏里奥读着未署名的信件，他透过缩写文字、笔迹和封印章等痕迹，便妄自推测撰笔之人是奥丽维娅。信的内容像谜题一般，主要是希望能把马伏里奥从仆人之列拔擢至上流社会之中，并希望他能接受这来自命运的安排。

给马伏里奥的信是恶作剧的一部分，而这段话也尤其突显了马伏里奥过于良好的自我感觉，也同时让观众看到了他的痴心妄想，亟欲攀权附势、讨好奥丽维娅的样子。

若跳出本剧的剧情来看，这个句子也正面提醒我们：伟大离我们并不遥远，成为伟大的人有许多途径，千万不要妄自菲薄。

往往，心知自我的渺小，才有机会进步且壮大。

在当代社会里，我们也许找不到受人景仰的完美伟人，但多的是默默行善的无名市井英雄，是他们付出的爱心与善心，堆积成了平凡的伟大。

每个人都有成就伟大的潜能，只是如何诠释“伟大”、如何展现“伟大”，又如何将平凡俗世中的不凡付诸行动，这才是需要我们思考的问题。种种伟大的可能不限于单一形式，实则掌握在每个人的手中。

> 人的潜力是要靠自我实现去发挥的，千万不要自我局限，一切皆有可能。

# 089

## 我会再三确认，<br>把命运掌握在自己手中。

**But yet I'll make assurance double sure, and take a bond of fate.**

麦克白向三位女巫要求再次确认他们之前预言的真实性。女巫们召唤鬼魂出来预言，以上句子为麦克白回应鬼魂关于麦克德夫的提醒。

《麦克白》（*Macbeth*）第四幕第一景 Act IV, Scene I

## 尽我所能的结果可能一样，但要掌控命运，就得努力尝试每一次过程。

麦克白谋杀邓肯王和班柯之后，顺利当上国王，但是，麦克德夫逃过他的追杀，朝中大臣也开始怀疑邓肯王和班柯的死是否与他有关。

麦克白为了能让自己安心度日，前来寻求三位女巫验证之前的预言。在此之前，掌管地狱和黑夜的巫术女神赫卡忒斥责女巫们擅自给予麦克白预言，但也预告麦克白即将再次前来，而女巫们这次必须误导麦克白，让他以为一切都在自己的掌握之中。

听完鬼魂的预言，麦克白决定要杀掉麦克德夫，以平息内心的恐惧不安。他说要“再三确认”（make assurance double sure）的这件事，便是麦克德夫的死。

他一心想要掌握自己的命运，然而最为讽刺的是，鬼魂们看似真心的提醒，只是想让麦克白得到虚幻的安全感，让他误以为没有任何人能起身对抗他。

终究，命运还是将麦克白推向了他最害怕的结局。

当我们望向远方的未来时，总是不厌其烦地为种种的未知而准备，一再确认各个可控因素，甚至求神问卜，无非就是希望事情能往自己期待的方向进行。矛盾的是，纵使我们试图掌控一切，前方仍是一片未知。

人生的乐趣，就在于如何做好眼前能尽心完成的事，同时敞开心胸、享受过程，并非结果不重要，而是生而为人，我们无法全然预测最终的结果如何，那又何必一直心怀不安地担忧、揣测呢?

▌执着掌握命运，不如做好能做的准备，放宽心顺从命运的安排。

## 090

**如果机缘要我当国王，**
**那么，机缘自然会为我加冕，**
**不需我费力。**

If Chance will have me King, why,
Chance may crown me,
Without my stir.

麦克白在前往国王住所途中遇见三位女巫，面对女巫的预言，极为惊讶的他有了这一段内心独白。

《麦克白》（*Macbeth*）第一幕第三景 Act I, Scene III

## 顺势而为却不违心，该是你的终将水到渠成。

女巫一见到麦克白，即称呼他为“考德的领主”（thane of Cawdor），并预言他将成为苏格兰国王，而班柯的孩子会继承王位。

麦克白起初觉得困惑，但也不以为意。过了不久，在路上，他遇到了国王派来的使者。使者说，因为他战功辉煌，国王即将加封他为“考德的领主”。麦克白因女巫的预言成真而大大吃惊，进而开始思考成为国王的预言成真的可能性。

麦克白和班柯同时听到女巫的预言，前者想当国王的野心被引了出来，后者则认为预言只会透露部分的事实，误导我们走向毁灭之路。讽刺的是，班柯的话预告了麦克白接下来的命运。

女巫预言麦克白即将成为国王是部分事实，但女巫没有透露的，是究竟要如何才能成为国王。麦克白挣扎于——是顺从预言，让命运自然而然主导一切；还是主动出击，帮助预言成真。

如果预言表达的是未来发生的部分事实，那么如何解读事件，以及实现这未到的事件便全掌握在聆听预言的人手里。如同求签卜卦，求出来的签诗和卦象都是在解读过后，由聆听者选择要相信哪个部分。往往人的定见早已存在于心，只是需要借由他者来加强定见的可行性。

麦克白最后决定自己掌握命运，谋杀邓肯王，登上王位，应验女巫的预言。女巫没说的是，麦克白当上国王的代价是如此巨大，而在位的时间是如此的短暂，只能说是麦克白隐藏的野心让他取得王位，但也面临最后悲剧的结果。

▌求神问卜求的是心安，不是百分百的保险。

# 091

**大人物发疯，不可小觑。**

**Madness in great ones
must not unwatch'd go.**

波洛涅斯向国王献计，准备监听哈姆雷特与他母亲的谈话。国王克劳狄斯听闻此计后，向他说的话。

《哈姆雷特》（*Hamlet*）第三幕第一景 Act III, Scene I

## 有时候，成功的契机掌握在疯狂的人手中。

波洛涅斯认为，只要让哈姆雷特与他的母亲单独谈话，便能使他卸下心防，吐露心中真言。因此，他向国王献出计谋，准备前去监听，测试哈姆雷特是否只是伪装成疯癫的样子。然而，国王提醒他，像哈姆雷特这般重要的人虽然发疯了，也不可以小看他，以免落入陷阱。

国王所言甚是，大人物发疯，的确不容小觑。在承受极大压力时，纵使再深谋远虑的人，也可能会让自己处于疯狂边缘，一方面借此宣泄压抑的情绪，另一方面也自我磨炼，在疯狂境界之中，寻求脱胎换骨的可能。

哈姆雷特的这种疯癫是一种情感上的宣泄，也是一种伪装的策略。他企图扰乱周围人的视听，让人低估他的才能和谋略，如此一来，他才能展开明察暗访的行动，以达到他复仇的目标。

疯狂的人之所以能够获得成功，是因为他的与众不同的行动和魄力。在此例之中，疯狂之人并非真的发了疯，而是运用疯狂的行径，来掩饰背后的秘密。这种疯狂，也是一种清醒。

> 在旁人还看不清楚事实、搞不清楚状况的时候，疯子早已挑战禁忌并展开行动了。面对世事，有时注入超脱的疯狂来看待反倒成了一种理智。

## 092

习惯是恶魔也是天使，
无论好坏，皆能积久成习。

That monster, custom,
who all sense doth eat
of habits evil, is angel yet in this,
that to the use of action fair and good.

哈姆雷特与母亲乔特鲁德两人独处交谈时，他对母亲所说的话，说明习惯的本质。

《哈姆雷特》（*Hamlet*）第三幕第四景 Act III, Scene IV

## 凡事只要习惯了就好，习惯都是从不习惯开始的。

哈姆雷特无法谅解母亲在父王死后不久，旋即改嫁叔父克劳狄斯，成为他的皇后。两人独处交谈时，哈姆雷特希望母亲别再和克劳狄斯亲热，为自己保住贞节，尽管一切为时已晚。

于是，他又对母亲说，如果坏事做久了，成为一种习惯了之后，似乎就不算坏事了，那么，也就没有什么道德上的问题了。哈姆雷特的这一席话，说明了习久成性的道理。陋习积累之后，便习以为常了，自然也不会觉得有什么不对劲的地方。

一旦积习生常，恶魔和天使的界线趋于模糊，就变得没有什么对错可言了。因此，长期养成的习惯，能使人耽溺在安逸的舒适圈里，无法自拔。凡事只要习惯成自然，久而久之，就会让人失去判断力。

用自己熟悉的方式过日子固然轻松自在，但却也丧失了学习新知识与自我成长的机会。“凡事只要习惯了就好”只不过是逃避的借口，若想要丰富自己的人生体验，就应该勇于接受挑战，离开熟悉的舒适圈。

> 二十一天不一定可以建立起一个习惯，但长期形成的习惯，似乎不是量化的时间所改变得了的。

# 093

## 有备无患。

## The readiness is all.

哈姆雷特告诉霍拉旭自己准备暗杀克劳狄斯的复仇大计时，看见霍拉旭担忧东窗事发，便如此对他说。

《哈姆雷特》（*Hamlet*）第五幕第二景 Act V, Scene II

## 做好最坏的打算，也为美好而期待。

哈姆雷特对霍拉旭说的这一席话，显示他在“命运”的看法上出现了极大转折。起初，他因“父命丧、母改嫁、国易主”而悲伤消极，成日怨叹命运弄人；但是，在决心追查真相之后，哈姆雷特振作起来，接受了命运弄人的事实，他坦然面对厄运，同时也为现实的挑战而做足了准备。

诚如哈姆雷特所言，如果命运早已安排好一切，不论是好事或坏事，迟早都会发生，怎么躲也躲不掉，那何不做好自己该做的，然而坦然面对命运的安排。

命运一说，其实指出了人们对于未来无法完全掌握的事实的担忧，但是如果只因遭遇坏事，就归咎并臣服于厄运，不尝试改变，那么，我们只会不停地循环在厄运之中，暗自感叹。因此，只有坦然接受现实中的困境、接受失败，并积极寻求解决的方法，才有可能改变情势，扭转厄运。

我们无法掌握未来即将发生的一切，那么我们该做的就是提前做好准备。只要诚实地面对现实，并思考如何解决问题，那么，就算事情最终无法迎刃而解，我们总归不会再因此内疚和后悔。

▌若无法掌握未来即将发生的事情是好或坏，那么，就提前做好准备吧。

# 094

优秀的顾问不缺客户。

Good counsellors lack no clients.

酒保庞贝见老鸨咬弗动太太担心禁娼令会毁掉她赖以维生的方式，为了安慰她而说的一段话。

《一报还一报》（*Measure for Measure*）第一幕第二景 Act I, Scene II

## 做好口碑，客人自会上门。

安哲鲁负责主持城内事务之后，便下令禁止不法妓馆开业，老鸨咬弗动太太担忧妓院受到新法波及，昔日酒客可能因此不再光顾。酒保庞贝逗趣地对老鸨说“优秀的顾问不缺客户”，说明只要“顾问”够优秀，不论去到哪里营业，一定都会有客人上门。

从古至今，凡事只要涉及“交易”，付出和报酬的相对关系从来都不会打折扣。只要提供的服务或商品够好、够到位，自然有人愿意拿出报酬来进行交换。这种建立口碑的概念，当然也适用于个人的品德，只要你能为自己的专长建立起不错的风评，自然也就有需要你发挥专业能力的绝妙时机。

因此，我们平时就应当努力地在自己的专业领域中耕耘，不断累积自身的实力，只有这样，路才能走得长、走得远；如果我们没有积极地为自己开拓事业，只是抱着得过且过的心态，甚至对他人的事务也采取敷衍的心态，那么，自毁前程不过是迟早的事。

> 为自己建立品德上的声望，就算不为了留一点口碑给人探听，也要对得起自己的存在。

# 095

有人因罪兴起，有人因德衰败。

Some rise by sin,
and some by virtue fall.

爱斯卡勒斯见安哲鲁给克劳狄奥定立死罪的心意坚定，苦心劝说不成后感叹地说。

《一报还一报》（*Measure for Measure*）第二幕第一景 Act II, Scene I

# 人生起落总有时。

青年克劳狄奥和未婚妻发生婚前性行为一事被揭露之后，被安哲鲁判死罪入狱。

安哲鲁以匡正社会良善风气为名，认为两人实质上并未完成法定婚姻程序而发生夫妻性行为，是在败坏社会风气，因此决心严刑执法。爱斯卡勒斯则认为克劳狄奥罪不至死，他请求安哲鲁高抬贵手，在请求未果后，说出此话暗讽得势的安哲鲁也未必是良善之人。

爱斯卡勒斯说的没错！伪善的安哲鲁，一见到前来求情的克劳狄奥的姐姐颇具姿色，竟要求她以身相许，以换得青年脱罪。安哲鲁凭借着他手中的权势，恣意地逾越法律，以权谋私，将自己的欲求凌驾于法律之上，是个不折不扣的恶人。

安哲鲁罪行累累，位高权重；而一般百姓即使本性良善，却因小错误而身陷牢狱。幸好在故事的最后，只手遮天的安哲鲁被揭发恶行，接受审判；青年的命运也因此扭转，罪名得到洗脱。

人生起落总有时，生活中时常存在着不公不义的事情，努力过后或许仍一筹莫展，但是只要能够一本初衷、心存善念地面对各种挑战，难关总是会过去的。人生，有得志的时候也有失落的时候，未来如何任谁也说不准。

**人在高处时，因职务上的权势而选择对他人不善良，是最低俗的霸道。**

# 096

## 美德是勇敢的，
## 善良是无所惧怕的。

Virtue is bold,
and goodness never fearful.

乔装为修道士的公爵文森修向依莎贝拉献计以营救克劳狄奥，看见依莎贝拉勇气十足且奋不顾身，公爵因此有感而发。

《一报还一报》（*Measure for Measure*）第三幕第一景 Act III, Scene I

## 行得端、走得正，心存善念就心无所惧。

一心急着搭救弟弟的依莎贝拉天性善良，且一点也不懦弱。面对安哲鲁的威逼利诱，她仍能明辨是非对错，拒绝一味地迎合他的胁迫。

为了保住她和弟弟的名声，她强悍地训斥弟弟轻佻的言行，而且就算面对胁迫，也决不妥协。乔装成修道士的公爵，见到如此贞洁善良又勇敢的女子，大为所动。

如公爵所言，只要行得端、走得正，面对所有的一切，都心存善念，那还有什么好惧怕的呢？

故事中的依莎贝拉虽然无权无势，但却有善念、善行，有倾尽全力克服困难的决心，就算遭遇强权的威胁，也能够不假辞色、无所惧怕。

事实上，这种“小虾米”和“大鲸鱼”的战争从未停止。现实中的你我都可能遭遇大鲸鱼的威胁，倘若没有坚定的德行和良善的信仰作为精神支撑，就算一味地迎合大鲸鱼的胃口，最后还是难逃被吃掉的命运！

现实生活中，有些人往往不惜扭曲自己最良善的本愿，去迎合操控自己命运的大鲸鱼。明明知道自己的作为并不道德，但为了获得利益，宁可选择违背良心。

失去善良的人，他的内心或许会始终不得平静，担心哪天自己也会被“大鲸鱼”一口吞掉，只有善良才会让人无惧。

▌失去美德和善良的人，内心难以获得平静。

# 097

人们都说，
最好的好人，都是犯过错误的过来人；
一个人往往因小缺失的改善
而成为更好的人。

They say best men are moulded out of faults,
and, for the most,
become much more the better
for being a little bad.

安哲鲁的前未婚妻玛利安娜见到安哲鲁俯首认错，代安哲鲁向依莎贝拉乞求原谅时所说的话。

《一报还一报》（*Measure for Measure*）第五幕第一景 Act V, Scene I

## 勿因善小而不为，每个人小小的善意将累积成这个世界的美好。

公爵文森修回到城中，揭发安哲鲁的罪行后判他死罪。玛利安娜见安哲鲁诚心悔改，就前去向依莎贝拉说情，她说安哲鲁虽然犯错，但已坦承罪行且真心悔过。

依莎贝拉心地善良，不愿见到玛利安娜因此而成为寡妇，便向公爵求情，说明安哲鲁虽然犯了错，但本性并不坏，相信他能因此改过自新，希望公爵能宽恕他的罪行。就如同我们的俗话所说：“人非圣贤，孰能无过，过而能改，善莫大焉。”

一辈子很长，任谁都有一时鬼迷心窍做出错事的时候，更为重要的是，犯错之后能够明了自己为何做错了，并且诚心地改过自新。

我们如果能够从每一次的犯错中吸取教训，并端正方向，那么，经历过一次次的错误洗礼和磨炼之后，我们一定能够成为一个更为美好的人。只有从错误中学习，才能让自己所犯下的错产生正面的价值和意义，才能让自己不断进步，更加优秀。

犯错改过，说来容易，做起来困难。许多人害怕犯错或失败，不愿正视自己的错误，却只会怪别人、怪环境、怪运势不佳，将一切的过错通通推给别人。倘若一个人不懂得自我反省，以推脱责任的态度逃避现实，那么，他就失去了自我成长、向上提升的机会了！

▌从错误中学习，就能让自己所犯下的错变得值得。

# 098

从心生歹念到痛下毒手，
就像身处于虚幻或可怕的噩梦之中。

Between the acting of a dreadful thing
And the first motion, all the interim is
Like a phantasma, or a hideous dream.

勃鲁托斯被凯歇斯的言语所影响，决定除去好友凯撒的性命时所说的话。

《裘力斯·凯撒》（*Julius Caesar*）第二幕第一景 Act II, Scene I

## 心中有鬼，则惴惴不安。

凯歇斯等一干人密谋取下凯撒的性命，并试图说服勃鲁托斯加入刺杀凯撒的行动。

勃鲁托斯独自一人在庭园中思索许久，生怕凯撒掌权后将如凯歇斯所言，成为一个野心勃勃、不可一世的专制强人，因此他决定对凯撒痛下杀手。勃鲁托斯虽然做出如此决定，内心却是惴惴不安。

勃鲁托斯的这番话指出，一旦人的心中萌生歹念，即使尚未实行，仍会开启良知与道德的谴责，直到将行动付诸实践为止。从歹计的设计一直到实行，他的内心都将摆荡于天使与恶魔的拉扯与交战中。

心生歹念的人，只会将全部的心思投入在自己所构想的计划中，因为自我的执念太深，无法自拔，而与现实脱离，仿佛置身于虚幻之境；有时，他又因为害怕计划失败，或忧心东窗事发招来自我毁灭，内心总是惴惴不安，好比受困在一场无法清醒的可怕噩梦之中。

害人之心不可有。心术若不正，内心则无法平静，日子自然过得不安稳、不顺遂，到头来只是让自己的处境更加艰难罢了。

▌心中有鬼，则惴惴不安；内心平静，日子便踏实。

# 099

## 懦夫真正死去之前
## 已死过许多次了，
## 而勇者一生只死一次。

**Cowards die many times**
**before their deaths.**
**The valiant never taste of death but once.**

深夜中，凯尔弗妮娅因噩梦惊醒，惊恐地向凯撒陈述梦境中，凯撒对她所说的话。

《裘力斯·凯撒》（*Julius Caesar*）第二幕第二景 Act II, Scene II

## 人生的喜乐自有安排。

凯撒的第三任妻子凯尔弗妮娅在深夜里做了一场噩梦，梦中她惊慌吼叫着凯撒被刺杀了。惊醒之后她依旧惶惶不安，于是唤来祭司为凯撒祈福，并要求凯撒不得出家门，以确保他的平安。但是，凯撒并不惧怕死亡，他相信上天对于人的生死自会有所安排。

凯撒以“死亡”为比喻，指出了懦夫和勇者分别在面对生死，或者遭遇挑战时所展现出的态度。懦弱的人遭遇困难的时候，因害怕受到伤害，常常以“解决不了”“不行了”“快要死了”等畏缩的态度先示弱，只是为了回避挑战；而在遭遇困难或面临挑战之时，勇敢的人内心有勇气和信心作为支撑，因此，他们不会轻易地放弃解决难题，也不会随口说出丧气的话。

当然，有时示弱并非因为恐惧，就像一直喊着要跳楼的人，其实并非真的想死，而是希望得到他人更多的关爱。

此外，这一句话还指出，懦夫之所以没有信心，是因为一次次的退缩使勇气一点一滴地流失，那也正是他们“死了很多次”的重要证明。

换言之，勇气是在一次次的成就中，逐渐累积而成的。因此，不要轻易地放弃，唯有勇于接受挑战，才能成就自我。

▌若总是选择安全而不突破，就别冀望会有与众不同的成果。

## 100

# 欢欣时的泪远胜过
# 流泪时的微笑。

How much better is it
to weep at joy than to joy at weeping!

使者告诉里奥那托，克劳狄奥经常写信给住在美西纳城的叔叔，而叔叔读信时总是开心到落泪。以上句子为里奥那托的评论。

《无事生非》（*Much Ado About Nothing*）第一幕第一景 Act I, Scene I

## 压抑的情绪不如真挚的情感流露。

在意大利田园风景美如诗的美西纳城，里奥那托正等待着从战场上归来的好友唐・彼德罗和手下士兵的到来。其中一位骁勇善战名叫克劳狄奥的士兵经常写信给住在该城中的叔叔，叔叔在读侄儿的来信时，常常开心到眼中泛泪。里奥那托认为这是真性情的流露，快乐的泪水远比伤心流泪时勉强微笑要好得多。

在评论比较“喜悦泛泪”和“流泪时微笑”之前，里奥那托提到以眼泪浸润的脸庞是最真挚的（There's no face more sincere than one washed in tears.）。

接下来，他以两个情境所流的眼泪做比较。

里奥那托的“欢欣时的泪远胜过流泪时的微笑”（How much better is it to weep at joy than joy at weeping）明确地表达了喜极而泣的美好。莎士比亚在此处用“交叉配语法”（chiasmus）的修辞手法，用“weep”和“joy” 两个字的动词与名词形式交错于相同的语法结构中（weep at joy / joy at weeping）；为了回应使者他还使用“叠叙法”（polyptoton），像是“better bettered expectation”一句，也强调了身为士绅的谈吐学问，更让句子增添了如音乐般的律动性。

仔细分析莎士比亚剧本里的对话，会发现他运用的修辞手法相当繁复，还得配上角色的背景，选用适当的词汇、语法、韵律，以及押韵等，以创造适合场景剧情的效果。

如果莎士比亚和唐伯虎一起参加出对子比赛，鹿死谁手呢？想必会是一场精彩的世纪对决。

**像孩子学习，难过就哭，开心时就放声大笑吧。**

# 101

## 把饵钩好，
## 鱼儿就会上钩。

**Bait the hook well,
this fish will bite.**

里奥那托、唐·彼德罗、克劳狄奥三人准备联手误导培尼狄克，让他以为贝特丽丝深深为他着迷。

《无事生非》（*Much Ado About Nothing*）第二幕第三景 Act II, Scene III

## 洞察人性，必水到渠成。

培尼狄克眼看好友克劳狄奥因陷入爱河，从一个务实的士兵，变成了一个成天做梦的痴人，身为旁观者的他嗤笑克劳狄奥的改变，认为自己绝对不会无知地陷入爱情。

于是，里奥那托、唐·彼德罗，以及克劳狄奥等人决定将培尼狄克和贝特丽丝凑成一对。是日，里奥那托、唐·彼德罗、克劳狄奥走进花园里，他们注意到培尼狄克躲在暗处，于是三人决定实行计划，假装谈起刚得知的贝特丽丝爱上培尼狄克的消息。

躲在一旁的培尼狄克听到这个消息时虽然十分讶异，但仍然决定要起“怜悯”之心，温柔回应深爱上自己的贝特丽丝。

从前见面之际，培尼狄克与贝特丽丝两人总是唇枪舌剑，表现出挑剔的言语，其实又在乎对方的一举一动。站在客观立场的旁人都看得出来，两人对彼此抱有好感，只是谁也不肯先表达，因为害怕对方不接受自己的爱意，可能还会嘲弄、奚落自己。现下，只差一个契机，就能让他们把对彼此的好感透露给对方知道。

需要契机和催化剂的不仅只是爱情，生活中的工作或其他人际交往，都需要考虑适当的时机，做出对的事情，如此一来，往期待方向前进的概率也就高了点。

如同钓鱼一事，看似简单，却又需要相当的功夫，优秀的钓手不仅要观察天气、潮汐、风向，甚至还要选定适当的抛竿地点，依照目标鱼种选定适当的鱼饵，这种种观察准备之下，鱼儿上钩的概率自然会大增。人生的胜算也都在这些魔鬼细节中。

**投其所好，才能事半功倍；多给的好，都只是浪费。**

# 102

## 逆境也有其益处，
## 像蟾蜍一样，纵然丑陋又具毒性，
## 但脑袋里却藏有珍贵的宝石。

Sweet are the uses of adversity,
which like the toad, ugly and venomous,
wears yet a precious jewel in his head.

大公爵身处于亚登森林里，虽是为了避难，却意外发现生活于森林里的美好。

《皆大欢喜》（*As You Like It*）第二幕第一景 Act II, Scene I

## 在种种逆境里，学习正向思考。

大公爵被弟弟弗莱德里克公爵篡位，被迫逃离家园与一群忠心的家臣避居于亚登森林之中。然而，生活在森林里的这段时间，却让大公爵忽然体会到生活于大自然中的美好。

他发现，四时嬗递，带来不同的景致，唯有身处于森林中才能深刻感受。宫廷里的虚假应对，在森林里是见不到的，这里的一切都是如此的真实又宁静。

大公爵被弟弟占去爵位、失去权势，离开舒适的家园，住在原始的森林里。这样的巨变并不好受，可是，大公爵却能从不同的角度来看待目前的逆境，并找到乐趣。于是大公爵拿蟾蜍的丑陋与它脑袋里的宝石来比喻自己的这种看法。

在当时，蟾蜍被视为邪恶的动物，常与巫婆、巫师，或是巫术的场景一同出现。一般认定，蟾蜍的血液有剧毒，相传它的身体部位可以用在巫术上，具有神奇的魔力。但在此段文字中，大公爵提到另一个关于蟾蜍石的传说：相传，蟾蜍的脑袋里藏有一颗蟾蜍石，如果将蟾蜍石作为项链来佩戴，可以让佩戴者不受巫术或其他黑魔法的侵扰。

蟾蜍的外表虽然丑陋又有毒性，但莎士比亚时代的人们，却相信它的脑袋里藏有珍贵的魔法宝石。大公爵避居森林，生活舒适度无法跟在宫中时相比，但他没有整日抱怨野外生活的简陋或不适，也没有沉浸在自己失去财富、权势的痛苦中无法自拔，反而能重新诠释森林生活，找到简单人生的美好，这是我们每个人都需要学习的平和心态。世间不缺少美，只缺少发现美的眼睛。

**遭遇逆境无可避免，如何诠释逆境中的体验，则是我们可以选择的。**

## 103

**他的话对我来说，听起来就像希腊语。**

**It was Greek to me.**

凯斯卡仔细聆听演说家西赛罗所说的话，但语言的隔阂让他怎么也听不懂。

《裘力斯·凯撒》（*Julius Caesar*）第一幕第二景 Act I, Scene II

## 跨越舒适圈可以是一道难题，也可以是一趟旅行。

凯歇斯和勃鲁托斯皆是凯撒的好朋友，也都在罗马共和政府担任执政官。凯撒由于深受罗马民众的爱戴，高涨的名声地位让他想顺势登上王位，成为独裁者。凯歇斯和勃鲁托斯都很关注凯撒的动向，于是他们特别询问凯斯卡游行庆典进行的状况。

凯斯卡详述庆典游行的进程，包括：群众的热烈欢迎，安东尼三次敬献皇冠给凯撒而凯撒接连三次拒绝，凯撒突然昏倒，接着是演说家西赛罗的演讲。这段描述显示了凯撒受民众爱戴的程度，而安东尼敬献皇冠给凯撒则意味着他的人气可能让他顺势变成掌权者。凯斯卡声称他听不懂西赛罗的演说，他推测西赛罗可能是在使用希腊文，这更加强了支持凯撒阵营和反凯撒阵营之间的隔阂。

莎士比亚此作改编自古罗马历史。谈及西方文明，我们常会听到希腊罗马神话、希腊罗马历史，似乎希腊与罗马这两个地中海古文明总有密切的关系。

事实上， 罗马神话确实大多都和希腊神话有相近的衔接性， 内容互有编修和注解， 有些角色还只是从希腊名字换了个罗马名字，例如：希腊神话中的智慧女神雅典娜（Athena），在罗马神话中被称为“米纳瓦”（Minerva）。

然而，希腊人与罗马人的思想与国家制度却是大相径庭。希腊人崇尚哲学性的思维，以人为本，思想偏向自由、浪漫的元素；相对来说，罗马人则更遵从制度与律法，偏向实务思想。早期希腊人使用的希腊文，罗马人已不常使用，这显示出早期地中海文明古国希腊的文化和语言，在后来承接的罗马帝国里已逐渐式微。

另一方面，凯斯卡不懂希腊话，也指出因语言的隔阂而区分出不同派系的群体，“It was Greek to me”的说法现今仍被沿用，意指说话者不懂或不熟悉的文化与事物。纵使碰到不同的文化意义，甚至是文化冲击，我们也要怀抱雅量并且试图以理解的态度去面对，只有这样才会遇见更宽广的人生风景。

▌保持对世界的好奇心，生活会更加精彩。

# 104

伟大不言而喻。

Greatness knows itself.

节录自诺森伯兰公爵儿子霍茨波回应英王亨利四世派代表传递劝和讯息的演说。

《亨利四世 第一部分》（*Henry IV, Part I*）第四幕第三景 Act IV, Scene

# 自尊自重，便能得到应当的对待。

尚未登基成为国王之前，亨利四世名为“博林布鲁克的亨利”（Henry of Bolingbroke）。因为父亲骤逝，他从海外流亡回到国内，家族的土地、财产， 以及父亲的头衔，全被当时的英国国王理查二世所霸占，为了正名并拿回王位，他转而寻求诺森伯兰公爵的支持。

二话不说，公爵一口答应并全心支持亨利，也因为有公爵撑腰，北方的民众也纷纷起身加入支持亨利的行列。最终，亨利成功罢黜理查二世，登基为英王亨利四世。

之后，亨利四世却忘了要感谢诺森伯兰公爵家族，因此，诺森伯兰公爵的儿子霍茨波等人便号召北方地方士绅，集结抗议亨利的忘恩负义。

于霍茨波的演说中，他提到父亲与众人如何为亨利出钱出力，并效忠于他。从流亡身份到赢得北方领主与民众的支持，亨利渐渐认识到自己拥有的群众魅力：能得到民心，便是当上国王所需要的领袖特质。看到自己的影响力，亨利意识到自己的力量和优势，之后，他借力使力，经由波西家族与北方诸公的支持，登上王位。

一生之中，遭遇逆境难以避免，人的本质或许会因不顺遂而蒙上灰尘，暂时被掩盖，但本质不该因此改变。

此刻你的首要之务，就是了解自身的本质及肯定自我的价值。当适合的时机到来时，准备好的人就能发挥潜力，但在那之前，请先积蓄实力。

> 肯定自己并非自我感觉良好，而是从客观事实来认清自己的独特性，并加以发挥。

# 105

你的耻辱将伴你长眠入坟墓，
不会记载于墓志铭上。

Thy ignominy sleep with thee in the grave,
but not remembered in thy epitaph!

亨利王子与霍茨波单挑对战后，对于倒地垂死的霍茨波给予最后的赞颂。

《亨利四世 第一部分》（*Henry IV, Part I*）第五幕第四景 Act V, Scene IV

# 过往的功与过，随尘土消逝。

为了再度赢回父亲亨利四世的信任与宠爱，亨利王子决定加入军队，参与平定内战。

在这次的战役中，亨利王子不仅适时解救了被围困的父亲，也勇敢地单挑潘西家的霍茨波。两人同意决战到至死方休。在双方你来我往数回之后，霍茨波身负重伤，倒地垂死，亨利王子为气息渐弱的霍茨波吟出挽歌，以赞颂他的人生伟业。

在西方传统里，“墓志铭”是刻于死者墓碑上纪念死者的一小段话，文字大多是死者生前便预先选好的，有的则是由死者的家人、朋友，或是其平时的社群邻居所选定的。

伟士的莎士比亚于 1616 年 4 月 23 日逝世，被葬在家乡史特拉福的圣三一教堂里。

莎士比亚的墓志铭为：

Good friend for Jesus sake forbeare,

To dig the dust enclosed here.

Blessed be the man that spares these stones,

And cursed be he that moves my bones.

各方好友，蒙天主仁慈，

请不要挖掘此处墓地；

愿神赐福给饶过这些墓石的人，

诅咒那些移动我尸骨的人。

此墓志铭传闻为莎士比亚本人所写，内容是阻吓盗墓贼的诅咒，只字未提坟墓主人的功绩。

一直以来，都有传闻说莎士比亚的骨骸早已被盗。2016 年适逢莎士比亚逝世四百周年，有科学家团队已取得教会同意，运用雷达技术扫描莎士比亚的坟墓，以进行探测。

看来，纵使莎士比亚再怎么用心良苦，写下这般诅咒式的墓志铭，期待死后可以得到平静，但他迷人文采所造成的巨大影响力，还是使世人阻挡不了自己满满的好奇心和向往。

▌所有人生中的美好和丑恶，都将盖棺论定。

# 莎剧角色对照表

## ●《奥赛罗》

奥赛罗是一个来自外地的黑脸摩尔人，见识广阔且优秀，多次立功后成为威尼斯军队的一名将军，但他的内心不时纠结于他的种族及年纪，而他手下的一个旗官伊阿古看出这点后就进一步挑拨他和妻子的关系，最后他的不安全感和忌妒造成无辜爱妻死去，他也无法面对独活的人生，选择自我了结生命。

| | |
|---|---|
| **伊阿古**<br>Iago | 奥赛罗军队的少尉，也是本书中的坏人角色。表面上，他是因为奥赛罗晋升凯西奥为上尉而心生不满，因此用计挑拨奥赛罗与妻子、同袍之间的情谊；实际上，他似乎沉溺于玩弄他人于股掌之间的快感，因而总是用计操弄、陷害他人。 |
| **凯西奥**<br>Michael Cassio | 一名年轻的上尉，服役于奥赛罗统领的军队。他长相帅气，但从军的经验不足。后来被设计卷入一场酒吧纷争，因而丢了上尉一职。伊阿古利用他与苔丝狄蒙娜的友谊对奥赛罗进谗言。 |

| | |
|---|---|
| 奥赛罗<br>Othello | 信仰基督教的摩尔人，威尼斯军队的将军，也是苔丝狄蒙娜的丈夫。他长得高大壮硕，口才佳，深受旁人的敬重。但因为他的种族、年纪和他的军旅生涯，他相当的没有自信，因此他轻易被伊阿古挑拨离间，怀疑起妻子的贞节，最后他因为忌妒之心害死了妻子。 |
| 蒙太诺<br>Montano | 塞浦路斯的前州长。 |
| 苔丝狄蒙娜<br>Desdemona | 勃拉班修的女儿，与奥赛罗秘密结婚。她是典型的温柔、善良的仕女形象，但仍旧能挺身捍卫自己的婚姻。 |
| 勃拉班修<br>Brabantio | 威尼斯的议员，苔丝狄蒙娜的父亲，也是奥赛罗的好友，却因奥赛罗秘密与自己的女儿结婚而觉得遭受了背叛。 |
| 罗德利哥<br>Roderigo | 苔丝狄蒙娜的追求者之一。戏剧一开始，他甚至付钱给伊阿古，请他帮忙追求苔丝狄蒙娜。奥赛罗娶走苔丝狄蒙娜之后，他被逼急了，竟然要帮助伊阿古除掉凯西奥，因为伊阿古告诉他，凯西奥也是苔丝狄蒙娜的追求者之一。 |

## ●《一报还一报》

维也纳公爵暂时离开公国，命令安哲鲁治理城邦，自己则伪装成修士来观察人民。手中握有权力的安哲鲁显露出其本性之中的贪婪和虚伪。克劳狄奥意外让未婚妻怀孕，安哲鲁欲重判其死刑，想要克劳狄奥的姐姐依莎贝拉以肉体来作为交换条件，被她坚决拒绝。后来公爵主持公道欲严惩安哲鲁，被安哲鲁抛弃的未婚妻却为他求情，他因而脱罪，而克劳狄奥也重获自由，喜剧收场。

| | |
|---|---|
| **文森修** Vincentio | 仁慈、受敬重的维也纳公爵。他假装暂时离开城邦，命安哲鲁当代理城邦主，自己却伪装成一名修士，潜入城中，观察安哲鲁如何治理城市。 |
| **安哲鲁** Angelo | 维也纳代理城邦主，以严刑峻法重整城市风气。本身是个虚伪的人，因为他都无法遵从自己设下的法规。 |
| **依莎贝拉** Isabella | 克劳狄奥的姐姐，也是修道院中准备成为修女的实习生。她代替弟弟向安哲鲁求情，安哲鲁却心生歹念，意图以她的肉体为条件换取克劳狄奥的自由。 |
| **克劳狄奥** Claudio | 依莎贝拉的弟弟。因为意外让未婚妻怀孕，犯了未婚性行为的罪行，被关进牢里，面临死刑。 |

| | |
|---|---|
| **路西奥**<br>Lucio | 克劳狄奥的好朋友，试图要将好友从牢狱中拯救出来。 |
| **朱丽叶**<br>Juliet | 克劳狄奥的未婚妻，尚未正式结婚，已怀孕。 |
| **咬弗动太太**<br>Mistress Overdone | 一名在维也纳经营妓院的老鸨。 |
| **爱斯卡勒斯**<br>Escalus | 一位睿智的爵爷，对公爵非常忠诚。曾建议安哲鲁要仁慈待人。 |
| **玛利安娜**<br>Mariana | 安哲鲁的前未婚妻。因为船难的关系，她失去大部分的嫁妆，安哲鲁因此不履行与她的婚约。 |

## ●《无事生非》

活泼大方的贝特丽丝和文静端庄的希罗是堂姐妹。贝特丽丝和外向幽默的培尼狄克经常一见面便是唇枪舌剑，挑衅的言语是两人之间的情趣。克劳狄奥对希罗一见钟情，两人交往后他却因他人的离间而误会希罗。后来贝特丽丝和培尼狄克两人也才发现他们对彼此有爱意，最终有情人终成眷属。

| | |
|---|---|
| 培尼狄克<br>Benedick | 一位贵族士兵，目前服役于唐·彼德罗手下，是个机智、幽默的人。他与贝特丽丝之间的唇枪舌剑总是令旁人忍俊不禁。 |
| 贝特丽丝<br>Beatrice | 里奥那托的侄女，希罗的堂姐妹。虽然很爱开别人的玩笑，快人快语，但还是个可爱、大方的女孩子。她跟培尼狄克是一对欢喜冤家，一见面就斗嘴。 |
| 希罗<br>Hero | 里奥那托的女儿，个性温和、善良，与克劳狄奥相恋，却因为他的多疑，遭受了流言的诋毁。 |
| 克劳狄奥<br>Claudio | 服役于唐·彼德罗手下，是一位英勇善战的士兵。他对希罗一见钟情，两人迅速陷入热恋，却因他多疑的天性，轻易被谗言所惑，误会希罗私生活不检点。 |

| | |
|---|---|
| **唐·约翰**<br>Don John | 唐·彼德罗的同父异母兄弟，个性阴沉、忧郁，因为妒忌兄长的社会地位，而用计让克劳狄奥与希罗的感情波折不断。 |
| **唐·彼德罗**<br>Don Pedro | 剧中最位高权重的角色，是里奥那托的朋友，也是位体恤下属的好领导。 |
| **欧苏拉**<br>Ursula | 服侍希罗的仕女之一。 |
| **里奥那托**<br>Leonato | 梅西娜的城主，希罗的父亲，是位受人尊敬的贵族。 |
| **安东尼奥**<br>Antonio | 贝特丽丝的父亲，里奥那托的兄弟。 |

## ●《皆大欢喜》

罗兰爵士逝世后，大儿子奥列佛本来就忌妒弟弟奥兰多，不想让他分到遗产，于是安排他和大公爵的武士比武借此杀死他。大公爵的女儿罗瑟琳和大公爵一样被弗莱德里克放逐，她扮成男子甘纳米，碰到了逃到亚登森林里的奥兰多，他却没有认出眼前的心上人。最后奥列佛和弟弟和解，也和西莉娅共结连理，而奥兰多也继承了大公爵的财富，是皆大欢喜的收场。

| | |
|---|---|
| 杰奎斯<br>Jaques | 大公爵忠心的家臣之一，追随大公爵进入亚登森林。他是个阴郁、具有批判性的角色，总是在一旁观察、批评现况的荒谬性。 |
| 奥兰多<br>Orlando | 奥列佛的弟弟，是父亲遗产的第二顺位继承人，哥哥得到所有的权力，却没有善待他。他喜爱罗瑟琳，两人在亚登森林相遇，因为罗瑟琳的伪装，他并没有认出心上人。两人的对话皆围绕着爱情这个主题。 |
| 罗瑟琳（甘纳米）<br>Rosalind<br>（Ganymede） | 大公爵的女儿，追随父亲避居于亚登森林，进入森林前伪装成男子甘纳米。她是个具有独立思考精神的美女，内外兼具。她在森林里遇到心上人奥兰多，与他进行了一连串的机智对话。 |
| 西莉娅<br>Celia | 弗莱德里克公爵的女儿，追随堂姐进入亚登森林，是个秉性良善、易感的女子。后来与奥列佛相恋结婚。 |

| | |
|---|---|
| **奥列佛**<br>Oliver | 奥兰多的哥哥，是个无情的年轻人，剥夺了奥兰多受绅士教育的机会。 |
| **大公爵**<br>Duke Senior | 罗瑟琳的父亲，也是爵位的正统继承人，却被弟弟弗莱德里克公爵篡位，因而避居于亚登森林中。他对在森林里的生活相当满意。 |
| **弗莱德里克公爵**<br>Duke Frederick | 西莉娅的父亲，大公爵的弟弟，是个充满野心、易怒、极具报复心的人。 |
| **试金石**<br>Touchstone | 弗莱德里克公爵家的弄臣，他跟随着罗瑟琳与西莉娅进入亚登森林。 |

## ●《仲夏夜之梦》

在一座神秘的森林里，两对恋人历经了情爱的变化莫测，爱情的魔咒让所有人都变得疯狂。如赫米娅明白狄米特律斯爱着她，她却心属拉山德。种种不对等的疯狂爱情，都在说明追求真爱的过程并非总能顺心而平稳。

| | |
|---|---|
| **海丽娜** Helena | 高挑的年轻雅典女子，与赫米娅是从小到大的好朋友。即使曾经被抛弃，她却仍痴爱着狄米特律斯。因为对自己的外表不够自信，海丽娜显得相当自卑，于是，当狄米特律斯与拉山德同时声称爱上她时，她立刻觉得他们是在捉弄她。最后，她与狄米特律斯步入婚姻礼堂。 |
| **赫米娅** Hermia | 身高较矮，是海丽娜从小到大的朋友，与拉山德相恋，却因父亲执意要她嫁给狄米特律斯，决定与拉山德私奔。私奔途中遇到精灵捣乱，拉山德爱上海丽娜，赫米娅追着两人跑。最后因为雅典城邦主的介入，与拉山德结为连理。 |
| **狄米特律斯** Demetrius | 赫米娅父亲眼中的乘龙快婿，曾与海丽娜相恋，却因爱上赫米娅而抛弃海丽娜。海丽娜透露赫米娅即将和拉山德私奔的事情，他跟着海丽娜一同前往森林里拦截赫米娅。后来，精灵用爱情魔花液让他爱上海丽娜，最终与海丽娜终成眷属。 |

| | |
|---|---|
| **拉山德**<br>Lysander | 与赫米娅相恋，却因赫米娅的父亲执意要女儿嫁给狄米特律斯，两人的恋情受阻。他决定带着赫米娅私奔，路上穿越森林时遇见精灵，被精灵误用爱情魔花液，一觉醒来却爱上了海丽娜。经过一番你追我跑，精灵王终于派迫克让一切重回秩序，他最终与赫米娅结婚。 |
| **波顿**<br>Bottom | 一名织工，和其他伙伴在森林里预演将在公爵婚礼上演出的剧目。精灵迫克捉弄他，将他的头变成驴头。尔后被滴入爱情魔花液的精灵后疯狂爱上了波顿。 |
| **迫克**<br>Puck | 精灵王的手下。在野外遇到人类时总忍不住捉弄对方。因为他的不小心，导致拉山德和狄米特律斯都爱上海丽娜。 |
| **奥布朗**<br>Oberon | 精灵王，剧中一开始与精灵后发生争吵，导致天气变异，人畜因而受害。他命令迫克将爱情魔花液滴入精灵后的眼睛里，以捉弄她。后来两人和好后，大自然又恢复和谐。 |

## ●《罗密欧与朱丽叶》

莎士比亚最为脍炙人口的经典爱情悲剧。正值青春的罗密欧与朱丽叶一见钟情，却因双方家族纠葛而陷入苦恋，虽相爱却不能相守，只能用计私奔，最后两人双双死去，终于终结了两个家族的仇恨。

|  |  |
| --- | --- |
| 劳伦斯教士<br>Friar Laurence | 圣芳济会的修道士。是位仁慈、关心他人、乐意帮助他人的教士，也是罗密欧与朱丽叶的朋友。 |
| 罗瑟琳<br>Rosalind | 是罗密欧遇到朱丽叶之前所暗恋的对象。 |
| 罗密欧<br>Romeo | 蒙太古家族的继承人，是位聪明、英俊、心思细腻又有些冲动的年轻男子。与敌对家族凯普莱特的朱丽叶陷入热恋，两人的爱情面临家族仇恨的考验。 |
| 朱丽叶<br>Juliet | 凯普莱特家的小姐。年仅十三岁的她，一开始对于爱情与婚姻没有太多的想法，直到遇到罗密欧。 |
| 凯普莱特<br>Capulet | 凯普莱特家的大家长，也是朱丽叶的父亲。 |

|  |  |
| --- | --- |
| 蒙太古<br>Montague | 蒙太古家的大家长，也是罗密欧的父亲。 |
| 班伏里奥<br>Benvolio | 蒙太古的侄子，罗密欧的堂哥、好朋友。他一直想办法帮助罗密欧忘掉罗瑟琳。 |
| 提伯尔特<br>Tybalt | 朱丽叶的表哥，是个虚荣、冲动、高傲、极度需要他人尊重的人。在一场冲突中，他不幸意外被罗密欧刺死。 |

## ●《驯悍记》

凯瑟丽娜是富绅最娇宠的女儿，以泼辣的火爆个性闻名。妹妹比恩卡性情温柔，却因为父亲以长女未嫁的理由而迟迟未让其出阁。机智而幽默的彼特鲁乔想要迎娶凯瑟丽娜，决定用他的特殊方法赢得凯瑟丽娜的芳心，并让她成为一个温顺的妻子。后来，顺利娶到凯瑟丽娜的彼特鲁乔开始执行他疯狂的驯妻计划。

|  |  |
| --- | --- |
| **凯瑟丽娜**<br>Katherina | 《驯悍记》中的悍妇，小名叫凯特。她个性泼辣、牙尖嘴利，看对方不顺眼就想出拳打对方。她的坏脾气吓跑了她所有的追求者，让她的父亲很伤脑筋。 |
| **彼特鲁乔**<br>Petruchio | 来自维洛纳的绅士。是个讲话大声、不拘小节、机智的人。一心想娶一个有着丰富嫁妆的女子，听到凯特有丰厚的嫁妆，于是决定娶她当妻子。 |
| **比恩卡**<br>Bianca | 凯瑟丽娜的妹妹。脾气好、长得又美，追求者众多。 |

| | |
|---|---|
| **斯赖**<br>Sly | 出现在《驯悍记》前的简介里。是位喜爱喝酒又行走各处的修补工。他有一次喝得烂醉，被爵爷设计戏弄，醒来后误以为自己真的是大爷。 |
| **路森修**<br>Lucentio | 来自比萨，前来帕度亚读书的年轻人。原本对读书充满热忱，一遇见比恩卡，整个人坠入了爱河，忙着想办法追求心上人。几经波折后，他最后赢得了比恩卡的芳心。 |
| **特拉尼奥**<br>Tranio | 路森修的仆人，陪主人到帕度亚念书。个性滑稽、诙谐。 |

## ●《李尔王》

年迈的李尔王想要退位，但从一国之君变成退休老人，李尔王心里很焦虑，希望借由女儿们当众承诺会多爱他，来得到心理上的安慰，还有退位生活的保障。结果他误信大女儿与二女儿的谗言，将土地与权力交与两人，而小女儿耿直不擅言语，因此被剥夺继承权并被驱逐，结果因诚实得到了法兰西国王的喜爱。后来，李尔王被大女儿与二女儿羞辱，并被赶出家门，与弄臣等人在大雨中的荒野上游荡。经不住羞辱和误会最心爱的小女儿，他整个人因此发疯，最后抱着小女儿的尸体，心碎而亡。

| | |
|---|---|
| 高纳里尔<br>Goneril | 李尔王的大女儿，奥本尼公爵的妻子。个性善妒、奸诈、缺乏道德感。与二妹里根共谋，取得父亲的信任后，霸占他的财产、架空他的权力。与二妹共同爱上爱德蒙，最后，她毒死里根后，也自杀了。 |
| 考狄利娅<br>Cordelia | 李尔王的小女儿，法兰西国王的妻子。她个性耿直、善良，不擅于将心里话用言语表达出来，因而招致了李尔王的不满，被免去财产继承权，也没有嫁妆。远嫁法国后，她听闻父亲被两位姐姐逐出家门，于是领着法军前来援救父亲。最后，她不幸被爱德蒙抓到，并被密令处死。 |

| | |
|---|---|
| 里根<br>Regan | 李尔王的二女儿，康华尔公爵的妻子。与大姐高纳里尔一同狼狈为奸，共同谋取父亲的财产与权力。与大姐一同争夺爱德蒙的喜爱，最后被她毒死。 |
| 李尔王<br>King Lear | 年迈的英国国王，面临王位退休的境况，一连串的错误判断造成了自身的悲剧。 |
| 奥本尼公爵<br>Duke of Albany | 高纳里尔的丈夫。个性忠诚、直率，见妻子不义之行，出言劝诫，不愿与妻子和小姨子同流合污。剧末，因主要角色的死亡，英国就留与他和爱德伽共同治理。 |
| 葛罗斯特<br>Gloucester | 李尔王的亲信大臣之一。有一嫡长子爱德伽和私生子爱德蒙。他听信小儿子的谗言，误以为长子将谋害于他，下令追捕长子。因为暗地支持李尔王，而被康华耳公爵弄瞎，后来，他与伪装成傻子汤姆的长子相聚，最后，在剧末因不明原因过世。 |
| 爱德蒙<br>Edmund | 葛罗斯特的私生小儿子。聪明、外表英俊，却因私生子的身分，无法继承财产，因而用计使父亲与兄长反目。后来，对于权力的渴望，让他周旋于高纳里尔和里根之间，最后他在与兄长的决斗中，负伤而亡。 |

| | |
|---|---|
| 爱德伽<br>Edgar | 葛罗斯特的长子，个性善良、勇敢，外表英俊，与弟弟爱德蒙相处融洽。因为爱德蒙传达说父亲因不明原因对他很生气，他因而离开家，打算待父亲气消后再归来。伪装成汤姆后，他遇到李尔王和弄臣，三个人疯言疯语，却不失对现况的反思。后来他们兄弟决斗，爱德伽取得了胜利。 |
| 法兰西国王<br>King of France | 考狄利娅的追求者之一。欣赏考狄利娅的善良与率真，不在意她已被李尔王除去继承人的身份和没有嫁妆，执意娶她为妻。 |
| 勃艮第公爵<br>Duke of Burgundy | 考狄利娅的追求者之一。听闻李尔王免去考狄利娅的继承权与嫁妆，于是放弃追求她。 |

## ●《亨利四世》

父亲骤逝后，亨利四世从海外回到国内，当时家族的土地、财产以及父亲的头衔，全被国王理查二世所霸占，为了正名并夺回王位，他展开了一场殊死斗争的计划。后来坐上王位后，亨利四世对于长子放荡不羁的行为有许多不满，不时以各种事例教导儿子治国、治民的统御术。

| | |
|---|---|
| **亨利四世**<br>**Henry IV** | 英王亨利四世。他的王位是经由罢黜前任英王理查二世而得来的，因此内心略有不安。他不满长子亨利王子放荡不羁的行为，对儿子多次劝诫。 |
| **亨利王子**<br>**Prince Harry** | 亨利四世的长子，表面上看起来终日与各阶层的人厮混，其实私底下，他正在秘密进行王子改造计划。后来在战场上与霍茨波对决，赢得胜利。 |
| **霍茨波**<br>**Hotspur** | 诺森伯兰公爵的儿子霍茨波。他骁勇善战，相当重视荣誉与尊严，将亨利王子视为头号对手。 |

## ●《麦克白》

麦克白是一位优秀的将军与领主，多次立下战功。但他在听了女巫的预言后，受到妻子的恶意煽动，便谋杀了邓肯王坐上王位，后因为怕好友班柯危害到自己的地位而下手将其杀害。后来麦克白夫人受不了良知的折磨而自杀身亡，而苏格兰贵族麦克德夫讨伐麦克白，将他斩首，也实现了女巫相关的预言。

| | |
|---|---|
| **邓肯王**<br>**King Duncan** | 具有德行且慈爱的苏格兰国王。后来因为麦克白的野心，被谋杀身亡。 |
| **班柯**<br>**Banquo** | 勇敢、高贵的苏格兰将军。根据女巫的预言，他的后代将继承苏格兰王位。 |
| **麦克德夫**<br>**Macduff** | 苏格兰贵族，一开始就对麦克白家族不甚喜爱。麦克白篡位之后，杀害了他的太太与儿子，后来讨伐麦克白的大军就是由他领军的。 |
| **麦克白夫人**<br>**Lady Macbeth** | 麦克白的太太。是位强势、坚毅、有野心的女人。麦克白听到女巫的预言之后，仍有犹豫，是她说服麦克白下定决心，以夺取王位。 |

| | |
|---|---|
| 麦克白<br>Macbeth | 勇敢的苏格兰将军和葛雷米斯的领主。后来，他听信三位女巫的预言，让自己当王的野心凌驾于理智之上，因而谋杀了邓肯王夺取王位，成为苏格兰国王。因害怕预言成真，他又杀害了好战友班柯，但到最后还是被推翻了。 |
| 三位女巫<br>Three Witches | 三个长相丑陋的巫婆。她们用咒语和预言捉弄麦克白，让他被权力熏心，谋杀国王以夺取王位，还使他误信可以永生不死。 |
| 赫卡忒<br>Hecate | 掌管巫术的女神。她帮助三位女巫，让她们对麦克白的恶作剧顺利实施。 |

## ●《裘力斯·凯撒》

以凯撒遇刺的前后事件为故事主线。凯旋归来的凯撒的声势渐渐壮大，但支持罗马共和制的勃鲁托斯却担心凯撒将会成为独裁者，将共和制改为帝制。勃鲁托斯的老友凯歇斯煽动勃鲁托斯反对，也因此促成了日后他谋杀凯撒的动机。剧中详细描写了政治中的黑暗斗争。

| | |
|---|---|
| **勃鲁托斯**<br>Brutus | 罗马共和制的衷心支持者，相信只有参议制才是最好的政府体制。因此当凯撒的人气渐高、民众越来越崇拜他时，勃鲁托斯担心凯撒将会顺势成为独裁者，将共和制改为帝制，于是他决定要采取行动，阻止这一切。 |
| **裘力斯·凯撒**<br>Julius Caesar | 罗马元老院议员之一，也是将军，因为从战场上凯旋归来，受到民众热切的夹道欢迎。凯撒的人气越来越高涨，但他似乎没有想要改变体制，当上皇帝的想法。不过，他很享受受到民众崇拜的感觉。 |
| **凯歇斯**<br>Cassius | 一位有天分的将军，也是凯撒的老友。但是凯撒所拥有的权力、地位日渐高涨，他感到相当不舒服。于是，他煽动勃鲁托斯，让他误认为凯撒想要废共和制改为帝制，于是促成日后勃鲁托斯谋杀凯撒的主要动机。 |

| | |
|---|---|
| **凯斯卡**<br>Casca | 公开反对凯撒拥有日渐高涨的权力地位的人。 |
| **西赛罗**<br>Cicero | 罗马元老院议员，以擅长演讲而闻名。 |
| **凯尔弗妮娅**<br>Calpurnia | 凯撒的第三任妻子。 |

## ●《哈姆雷特》

丹麦王子哈姆雷特已因父王之死而极度忧郁，后来母亲乔特鲁德又改嫁给他已经继承王位的叔父，由此他对父亲的死因更加怀疑，而父亲鬼魂的显灵，让他变得更加愤世嫉俗，一心想要复仇，后来却因此牺牲了自己的生命。

| | |
|---|---|
| **哈姆雷特**<br>Hamlet | 丹麦王子，皇后乔特鲁德和已逝的哈姆雷特国王的儿子，新国王克劳狄斯的侄子。父亲死后，叔父继承王位，而自己的母亲却在新寡时便改嫁给叔父，加上父亲鬼魂的显灵，使他变得更忧郁、更愤世嫉俗。 |
| **克劳狄斯**<br>King Claudius | 已逝的哈姆雷特国王的弟弟，丹麦的新国王。是个有野心、渴望权力、善于算计的政客。 |
| **波洛涅斯**<br>Polonius | 担任新任国王克劳狄斯的内阁大臣。个性自大、与克劳狄斯狼狈为奸。 |
| **雷欧提斯**<br>Laertes | 波洛涅斯的儿子。在法国读书，喜好玩乐，个性热情。 |

| | |
|---|---|
| 奥菲利娅<br>Ophelia | 波洛涅斯的女儿，哈姆雷特喜爱的人。是个善良、纯洁、美丽的女子。她全然依靠父亲与兄长，因而听从父亲的指示监视哈姆雷特。最后发疯，自杀溺毙于河里。 |
| 乔特鲁德<br>Gertrude | 哈姆雷特的母亲，已逝的哈姆雷特国王的妻子，改嫁给新国王克劳狄斯。她深爱儿子，却是个肤浅、软弱的女人。 |
| 霍拉旭<br>Horatio | 哈姆雷特的好友，忠诚，乐于帮助哈姆雷特。 |

## ●《第十二夜》

一对异性双胞胎有着十分相像的外表，因而引发了许多爱情的美丽误会。薇奥拉遭逢船难被海浪冲上了伊利里亚，她决心以男装游走世界，奥丽维娅却意外爱上扮为男子的她。后来奥丽维娅成了她哥哥的妻子，而她也和她倾心已久的公爵成婚。

| | |
|---|---|
| **奥西诺**<br>Orsino | 握有权势的伊利里亚贵族。痴心爱着奥丽维娅，后来渐渐发现自己喜欢上由薇奥拉装扮的男仆西萨里奥。 |
| **薇奥拉（西萨里奥）**<br>Viola（Cesario） | 有着贵族血统的女子，遭逢船难被海浪冲上伊利里亚。决心重新掌握自己的人生，于是改头换面伪装成男子西萨里奥，以游走世界，后来在奥西诺家担任男仆。 |
| **奥丽维娅**<br>Olivia | 伊利里亚的美丽女贵族。兄长的过世，让她抑郁不已，拒绝所有的追求者。后来遇见由薇奥拉装扮成的西萨里奥，她的心门因而再度开启。最后，她与薇奥拉的双胞胎哥哥塞巴斯蒂安步入礼堂。 |
| **费斯特**<br>Fester | 奥丽维娅家的小丑，靠讲笑话娱乐人营生。 |

| | |
|---|---|
| **塞巴斯蒂安**<br>**Sebastian** | 薇奥拉的双胞胎哥哥。来到伊利里亚时，发现很多人都声称认识他，奥丽维娅甚至要他娶她。 |
| **马伏里奥**<br>**Malvolio** | 奥丽维娅家的管家，因为个性非常自以为是，因而招致他人不满。后来被戏弄，误以为女主人爱上他。 |

## ●《威尼斯商人》

鲍西娅继承了父亲的财产，她美丽而聪明，但父亲的遗嘱让她无法自己挑选结婚对象，而是要按照父亲的要求给自己的追求者以考验，要求他们从三个盒子中做出选择，选对了才能和她结婚。在种种考验后，她最终还是嫁给了自己心中属意的对象，即来自威尼斯的绅士巴萨尼奥。

| | |
|---|---|
| 安东尼奥<br>Antonio | 威尼斯商人，巴萨尼奥的好朋友。因为义气而帮助朋友，替巴萨尼奥作保，却让自己身陷险境。 |
| 鲍西娅<br>Portia | 一名住在贝尔蒙特，继承父亲财产的富有女子。她不仅美丽还很聪明，可是因为父亲遗嘱的关系，她无法自己挑选结婚对象。但最终，她还是嫁给了真爱巴萨尼奥。也多亏了鲍西娅的聪明才智，安东尼奥才免于被夏洛克取走一磅的肉。 |
| 夏洛克<br>Shylock | 一名住在威尼斯以放高利贷维生的犹太人。因为遭受基督教徒的欺负，特别是安东尼奥因他放高利贷侮辱过他，他暗地里下决心一定要报复。于是，他要求安东尼奥当担保人，如果巴萨尼奥还不出钱，就要拿安东尼奥一磅的肉相抵。 |
| 巴萨尼奥<br>Bassanio | 一名住在威尼斯的绅士，喜欢鲍西娅。为了前往贝尔蒙特追求鲍西娅，他向夏洛克借钱，由好友安东尼奥当保人。最终，他从三个盒子里挑到了正确的盒子，赢得美人归。 |